はじめに

人は、視覚や聴覚でとらえた情報から、相手を知る前に感じるものがあります。それは「第一印象」といわれるものです。社会人としてのマナーがなっていないと、第一印象が悪く、仕事にも影響を及ぼします。また、個人の態度やマナーが会社のイメージや評価につながるため、正しいビジネスマナーを身に付けている人を企業は求めています。

本書では、これから社会人になる方や再就職する方、社会人としてのマナーを再確認したい方を対象に、一般的なビジネスマナーやビジネスメール、ビジネス文書の書き方について学習します。

学習したことを実践していく構成なので、知識とスキルを同時に習得できるテキストとなっております。

本書が社会で活躍する皆様のお役に立てれば幸いです。

2019年2月7日
FOM出版

◆Microsoft、Excel、Windowsは、米国Microsoft Corporationの米国およびその他の国における登録商標または商標です。
◆本文中に記載されている会社および製品などの名称は、各社の登録商標または商標です。
◆本文中では、TM、®は省略しています。
◆本文で題材として使用している個人名、団体名、商品名、ロゴ、連絡先、メールアドレス、場所、出来事などは、すべて架空のものです。実在するものとは一切関係ありません。

Contents 目次

■本書をご利用いただく前に ………………………………………………………… **1**

■第1章　ビジネスの基本マナー …………………………………………… **4**

STEP1　ビジネスマナーの概要 ……………………………………… **5**
- 1　企業が求める人材 …………………………………………… 5
- 2　ビジネスマナーとは ………………………………………… 6
- 3　ビジネスマナーの必要性 …………………………………… 6

STEP2　服装と身だしなみ …………………………………………… **7**
- 1　好感を持たれる服装と身だしなみ ………………………… 7
- 2　軽装のポイント ……………………………………………… 10

STEP3　立ち居振舞い ………………………………………………… **13**
- 1　立ち方 ………………………………………………………… 13
- 2　歩き方 ………………………………………………………… 14
- 3　座り方 ………………………………………………………… 15

STEP4　基本的なあいさつ …………………………………………… **16**
- 1　あいさつ ……………………………………………………… 16
- 2　おじぎ ………………………………………………………… 18

STEP5　就業中のルール ……………………………………………… **20**
- 1　出社時間 ……………………………………………………… 20
- 2　遅刻の連絡 …………………………………………………… 20
- 3　休暇の取り方 ………………………………………………… 21
- 4　退社時のマナー ……………………………………………… 22

確認問題 ………………………………………………………………… **23**

■第2章　コミュニケーションの基本マナー …………………… 24

STEP1　コミュニケーションの概要 ………………………… 25
- 1　コミュニケーションとは ………………………… 25
- 2　コミュニケーションの要素 ……………………… 26
- 3　コミュニケーションの手段 ……………………… 27

STEP2　ビジネス会話 ……………………………………… 28
- 1　ビジネス会話とは ……………………………… 28
- 2　ビジネス会話の進め方 ………………………… 29

STEP3　言葉づかいと口癖 ………………………………… 31
- 1　不適切な言葉づかい …………………………… 31
- 2　口癖が与える印象と改善方法 ………………… 33

STEP4　敬語 ………………………………………………… 36
- 1　敬語の種類 ……………………………………… 36
- 2　代表的な敬語の使い方 ………………………… 37
- 3　気を付けたい敬語の使い方 …………………… 38
- 4　シーン別・敬語の使い方 ……………………… 39

STEP5　接遇用語 …………………………………………… 42
- 1　接遇用語とは …………………………………… 42
- 2　接遇用語の使い方 ……………………………… 42

STEP6　クッション言葉 …………………………………… 44
- 1　クッション言葉とは …………………………… 44
- 2　クッション言葉の使い方 ……………………… 44

STEP7　報告・連絡・相談 ………………………………… 46
- 1　報・連・相とは ………………………………… 46
- 2　報告・連絡・相談の方法 ……………………… 47
- 3　シーン別・報告の仕方 ………………………… 50

STEP8　会議 ………………………………………………… 52
- 1　会議の進め方 …………………………………… 52
- 2　会議への参加 …………………………………… 54
- 3　議事録の作成 …………………………………… 55

	STEP9	トラブル対応	56
	●1	社内でのトラブル	56
	●2	社外でのトラブル	57
	確認問題		59

■第3章　訪問時・来客時の基本マナー　60

STEP1	初めて会う人へのマナー	61
●1	名刺交換	61
●2	紹介の仕方	64

STEP2	来客の応対	66
●1	接客の流れ	66
●2	案内の仕方	67
●3	見送りの仕方	69

STEP3	他社訪問	70
●1	他社訪問の流れ	70
●2	訪問前の準備	71
●3	訪問時の心構え	72
●4	訪問後の対応	73

STEP4	応接室でのマナー	75
●1	応接室の席順	75
●2	シーン別・席順	76
●3	お茶の出し方	80
●4	お茶のいただき方	81

STEP5	出張時のマナー	82
●1	出張時の心構え	82

確認問題		83

■第4章　電話の基本マナー　……………………………………………… 84

STEP1　電話応対　…………………………………………………… 85
● 1　電話応対のポイント　………………………………… 85

STEP2　音声表現　…………………………………………………… 87
● 1　好感を持たれる音声表現　…………………………… 87

STEP3　電話のかけ方　……………………………………………… 89
● 1　電話をかけるときの流れ　…………………………… 89
● 2　シーン別・電話のかけ方　…………………………… 90

STEP4　電話の受け方　……………………………………………… 92
● 1　電話を受けるときの流れ　…………………………… 92
● 2　シーン別・電話の受け方　…………………………… 93

STEP5　電話応対でのトラブル　…………………………………… 99
● 1　トラブル時の応対　…………………………………… 99

確認問題　………………………………………………………… 101

■第5章　ビジネスメールの基本マナー　……………………… 102

STEP1　ビジネスメールの概要　………………………………… 103
● 1　ビジネスメールとは　………………………………… 103
● 2　ビジネスメールの特徴　……………………………… 103
● 3　メールのマナー　……………………………………… 104

STEP2　ビジネスメールの作成　………………………………… 107
● 1　ビジネスメールの書き方　…………………………… 107
● 2　ビジネスメールの書き方のポイント　……………… 110

STEP3　メールの送信　……………………………………………… 113
● 1　送信前の確認………………………………………… 113

iv

STEP4	メールの返信	117
●1	返信するときのマナー	117
●2	引用の活用	118

STEP5	メールの転送	122
●1	転送するときのマナー	122

STEP6	よくあるミス	124
●1	メールでの失敗	124

参考学習	セキュリティ対策	125
●1	セキュリティとは	125
●2	セキュリティ対策	125
●3	ウイルスの脅威	128
●4	情報漏えいの対策	131
●5	スマートデバイスのセキュリティ対策	133

確認問題		135

■第6章　ビジネス文書の基礎知識　136

STEP1	ビジネス文書の概要	137
●1	ビジネス文書とは	137
●2	ビジネス文書の種類	138
●3	ビジネス文書の書き方のポイント	140

STEP2	ビジネス文書の基本形	143
●1	一般的な社内文書の体裁	143
●2	一般的な社外文書の体裁	145

STEP3	文章の書き方	148
●1	主語と述語の使い方	148
●2	修飾語の使い方	149
●3	助詞の使い方	150
●4	接続詞の使い方	151
●5	読点の使い方	152
●6	礼儀正しい表現の使い方	153

STEP4　文書の提出と保管 ……………………………… **157**

- 1　文書の提出方法……………………………………157
- 2　文書の管理方法……………………………………158

参考学習　情報資産と知的財産権 ……………………… **160**

- 1　情報資産……………………………………………160
- 2　知的財産権…………………………………………162

確認問題 ……………………………………………………… **165**

■付録　知っておきたいマナー ………………………………… 166

- 1　郵便物や荷物の発送 ………………………………… 167
- 2　契約書の取り扱い ……………………………………… 169
- 3　慶事・弔事のマナー ………………………………… 170
- 4　お中元とお歳暮のマナー …………………………… 174
- 5　テーブルマナー ……………………………………… 175
- 6　お酒の席でのマナー ………………………………… 178

■解答　実践問題・確認問題 -----------------------180

■解説　事例で考えるビジネスマナー -----------------186

■索引 --------------------------------------194

本書をご利用いただく前に

本書で学習を進める前に、ご一読ください。

1 本書の記述について

本書で使用している記号には、次のような意味があります。

記述	意味	例
「　　　」	ビジネスマナーに関する用語や重要な語句を示します。	「接遇用語」といいます。

 知っておくべき重要な内容　　 動画で学習できる内容

知っていると便利な内容　　※　補足的な内容や注意すべき内容

2 解説動画について

本書の内容を具体的に確認できる解説動画をご用意しています。パソコン・タブレット・スマートフォンなどでご利用いただけます。

◆動画一覧

ページ	章	STEP	項目	動画名
P.13	第1章	STEP3	1　立ち方	美しい立ち居振舞い ～立ち方～
P.14			2　歩き方	美しい立ち居振舞い ～歩き方～
P.15			3　座り方	美しい立ち居振舞い ～座り方～
P.18		STEP4	2　おじぎ	美しいあいさつ ～おじぎ～
P.61	第3章	STEP1	1　名刺交換	名刺交換 　～1対1の場合～ 　～相手が複数の場合～ 　～上司が同席している場合～
P.64			2　紹介の仕方	紹介の仕方
P.67		STEP2	2　案内の仕方	来客の応対 ～案内～
P.80		STEP4	3　お茶の出し方	来客の応対 ～お茶の出し方～
P.89	第4章	STEP3	1　電話をかけるときの流れ	電話の基本マナー ～電話のかけ方～
P.92		STEP4	2　電話を受けるときの流れ	電話の基本マナー ～電話の受け方～

◆利用方法

①次のホームページにアクセスします。

ホームページ・アドレス

http://www.fom.fujitsu.com/goods/eb/

QRコード

②「＜改訂3版＞ 自信がつくビジネスマナー（ＦＰＴ1810）」の《特典を入手する》を選択します。

③書籍の内容に関する質問に回答し、《入力完了》を選択します。

④動画一覧から動画を選択します。

※本ムービーに関するご質問にはお答えできません。
※本ムービーは、予告なく終了することがございます。あらかじめご了承ください。

3 練習問題について

本書には、次のような形式の練習問題を用意しています。

●実践問題

学習した内容を実践しながら復習する問題です。問題には、穴埋め形式やチャレンジ形式、チェック形式など、様々なパターンがあります。正解を考える問題については、巻末に解答があります。

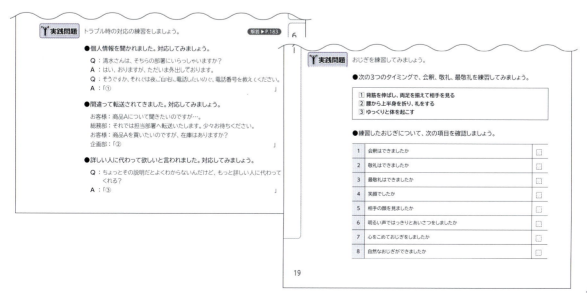

●事例で考えるビジネスマナー

事例を読んで、正しい行動ができていたかどうかを考える問題です。巻末に解説があります。

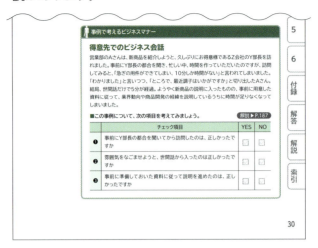

●確認問題

各章で学習した内容の理解度を確認する問題です。文章を読んで、正しいかどうかを考えます。巻末に解答があります。

4 本書の最新情報について

本書に関する最新のQ＆A情報や訂正情報、重要なお知らせなどについては、FOM出版のホームページで確認してください。

ホームページ・アドレス

http://www.fom.fujitsu.com/goods/

ホームページ検索用キーワード

FOM出版

Chapter 1

■第 1 章■
ビジネスの基本マナー

社会人としての常識やマナーについて説明します。

STEP1　ビジネスマナーの概要	5
STEP2　服装と身だしなみ	7
STEP3　立ち居振舞い	13
STEP4　基本的なあいさつ	16
STEP5　就業中のルール	20
確認問題	23

STEP 1 ビジネスマナーの概要

1 企業が求める人材

第1章　ビジネスの基本マナー

厳しいビジネス社会で企業が生き残るためには、優秀な人材が必要です。企業によって求める人材の能力や適性は様々ですが、社会人として身に付けておきたい基本的な条件は共通であるといえます。その代表的なものが、コミュニケーション能力、積極性や向上心、常識やマナーでしょう。

■コミュニケーション能力

仕事をするうえでは、上司や先輩、同僚、お客様など、多くの人と、よりよい人間関係を築くことが大切です。そのために必要となるのが、コミュニケーションです。正しい方法でコミュニケーションを取ることで、自分の気持ちや考えを正確に伝えたり、相手のことを理解したりすることができ、相互に安心感や信頼感が生まれます。また、人と人とのつながりが広がるほど、情報が自然に集まったり、仕事を円滑に進めたりできるようになります。

■積極性・向上心

企業が利益を追求し、継続的に発展していくためには、そこで働く人たちが常に現状に向き合い、積極的に向上する意識を持つことが必要です。上司やお客様が要求したことを、正確にやり遂げるのは当然のことです。しかし、それだけで十分に役割を果たしたという考えでは、成長できないでしょう。要求されたことをこなしながら、常に要求されたこと以上の成果を出せるように、自分の頭で考え、努力する心掛けが大切です。新しい成果を生み出すことができれば、周囲からの信用や評価、自分自身のやりがいにもつながるはずです。

■常識・マナー

人としての基本的な常識があり、正しいマナーを心得ていると、相手に好印象を与えるだけでなく、社会人として高い評価を得ることができます。また、どのような場面においても、自信を持って周囲の人と接することができるようになります。相手に失礼のないように接するということは、相手に対して敬意を表すと同時に、常に相手を思いやる気持ちを忘れないということでもあります。ふとした場面での言動に、普段の心掛けが表れます。

2 ビジネスマナーとは

「ビジネスマナー」とは、会社の同僚や先輩、上司、お客様とコミュニケーションを取ったり、お客様の応対をしたりするときに、必要となる社会人としてのマナーのことです。ビジネスマナーを知らないと、思わぬ失敗をしたり、大事な場面で恥をかいたりする可能性があります。仕事を円滑に進めるためにも、社会人としてのビジネスマナーを身に付けておく必要があります。

また、個人の態度やマナーが、そのまま会社のイメージや評価につながるということを認識しておかなければなりません。新入社員はもちろん、中堅社員もときどき初心に立ち返り、自分の言動やマナーを振り返ることが大切です。

社会人に求められる基本的なビジネスマナーには、次のようなものがあります。

- ●清潔感のある服装や身だしなみ
- ●美しい立ち居振舞い（歩き方、立ち方、座り方など）
- ●場面に応じた適切なあいさつとおじぎ
- ●場面や相手に応じた正しい言葉づかい
- ●正しい勤務態度
- ●相手に不快感を与えない電話応対
- ●基本的なビジネスメールやビジネス文書の作成

---

3 ビジネスマナーの必要性

なぜ、ビジネスマナーを身に付ける必要があるのでしょうか？

人は、一般的に物事の大半を視覚でとらえた情報から判断しています。人に会ったときは、まず服装や身だしなみ、表情、立ち居振舞いなどを通して、その人の性格を想像します。また、聴覚でとらえたその人の言葉づかいや音声の高低などから、「信頼できそう」「元気がない」「感じが悪い」などの印象を持ちます。これらは、その人の性格や背景などをよく知る前に感じるもので、「第一印象」といわれるものです。

ビジネスにおいても、第一印象は重要です。外見や態度、言葉づかいが、相手の印象を大きく左右します。電話やメールでのやり取りにおいても、限られた材料をもとに、知らず知らずの間に相手を判断しています。

人は、外見や態度、言葉づかいを通して、問題なく受け入れられると判断して初めて、相手の話に耳を傾けようという気持ちになるものです。

「外見の壁」「態度の壁」「言葉づかい」の3つの壁があり、これらをクリアできれば、伝えたい内容を相手の心に届けることができるようになります。そのためには、ビジネスマナーを身に付けることが不可欠なのです。

STEP 2 服装と身だしなみ

1 好感を持たれる服装と身だしなみ

ビジネスマナーの第一歩は、「身だしなみ」を整えることから始まります。身だしなみは、個性的であることを目指したり、最先端の流行を取り入れたりする「おしゃれ」とは違います。

個性を出したいという気持ちもわかりますが、ビジネスにおいては、立場や役割、場所などをわきまえ、周囲の人に不快感を与えないような身だしなみを心掛けることが大切です。ポイントになるのは、まず何よりも清潔感があることです。次に、周囲との調和がとれていて、機能的であることです。

好感を持たれる服装と身だしなみのポイントを確認しましょう。

第1章 ビジネスの基本マナー

❶ 髪

長すぎたり、色が明るすぎたりせず、清潔感があり、きちんと整えられている。

❷ ひげ

剃り残しのないようにきちんと剃っている。

❸ ワイシャツ・ブラウス

襟や袖口の汚れ、ほころび、シミ、シワがなく、ボタンも取れかかっていない。色、柄が派手すぎない。

❹ ネクタイ

色、柄が派手すぎず、スーツと調和している。曲がったり、汚れたりしていない。

❺ 上着

色やデザインが派手すぎたり、カジュアルすぎたりしない。ほころび、シミ、シワがない。

❻ ズボン

ほころびや汚れなどがなく、折り目がきちんと付いている。ベルトがカジュアルすぎない。

❼ 靴下

清潔で、すり切れたり、穴があいたりしていない。服装と調和している。

❽ 手

爪がきれいに整えられている。マニキュアは派手すぎない。

❾ カバン

仕事に適したデザインや大きさであり、服装と調和している。
名刺は名刺入れに入れて携帯している。

❿ 靴

色やデザインが派手すぎることなく、きちんと磨かれており、かかともすり減っていない。

⓫ 化粧

清潔感があり健康的な印象のメイクをしている。香水はきつすぎない。

⓬ アクセサリー

邪魔にならないもので、派手すぎない。

⓭ スカート

丈が短すぎず、裾がほつれていない。

⓮ ストッキング

素足でなく、色や柄が派手すぎないストッキングを履いている。伝線していない。

第1章 ビジネスの基本マナー

POINT ▶▶▶
ビジネスにふさわしいスーツの選び方

スーツは、体形にフィットしていることが大切です。だぶついていたり、丈が合っていなかったりすると、だらしない印象を与えてしまいます。また、デザインよりも機能的であることを重視します。

男性の場合は、2つまたは3つボタンのシングルスーツが一般的です。派手なストライプ柄やチェック柄、極端に細身のスーツなどは避けた方がよいでしょう。

女性の場合は、体のラインを必要以上に強調するようなデザインや、肌の露出が多いデザインは避けるようにします。パンツスーツは、フォーマルな場でない限りは問題ありません。

具体的には、次のような点を基準に選ぶとよいでしょう。
- グレーや紺などダーク系の地味な色合いのもの
- 素材や縫製がしっかりしていて形がくずれにくいもの
- 袖丈や裾丈が短すぎたり長すぎたりしないもの
- 体形に合っていて適度に動きやすいもの

POINT ▶▶▶
ビジネスにふさわしいシャツの選び方

一番無難なのは、白いシャツです。カラーシャツの場合、暖色系は派手な印象になりやすいため、淡い寒色系を選ぶと間違いないでしょう。スーツとのバランスを考慮することも大切です。ストライプ柄やチェック柄などのシャツは、ラインが細く、遠目には無地に見えるようなものを選びます。

また、襟の形によっては、ビジネス向きではないものもあるので、シーンに応じて選びましょう。襟の形には、次のようなものがあります。

●レギュラーカラー
一般的な襟の形です。どのようなジャケットにも、ネクタイにも合うので、基本スタイルとして数枚用意しておくとよいでしょう。

●ボタンダウンカラー
襟の先端を前身ごろにボタンで留めるスタイルです。ネクタイをしないカジュアルシーンで人気があり、クールビズのときによく着用されます。

●ワイドカラー
襟の角度が広い形です。首回りがすっきり見えるスタイルで、肩幅が広い人に似合います。

実践問題 服装と身だしなみをチェックしてみましょう。

1	髪の毛は伸びすぎず、清潔感のある髪型や色をしていますか	☐
2	ひげは剃っていますか 清潔感のある清楚な化粧を心掛けていますか	☐
3	ネクタイやアクセサリーなどは服装と調和がとれており、必要以上に派手にならないよう注意していますか	☐
4	服にほころび、シミ、シワなどはありませんか	☐
5	スーツやシャツのボタンが取れかかったままになっていませんか	☐
6	ハンカチは常備していますか	☐
7	香水などを使いすぎて強い香りになっていませんか	☐
8	食後の歯磨きなど口臭に注意していますか	☐
9	爪は短く切って清潔にしていますか、マニキュアの色に気をつかっていますか、派手なネイルアートなどはしていませんか	☐
10	靴は磨かれていますか、かかとがすり減っていたり傷ついていたりしていませんか	☐
11	靴下が破れていたり、ストッキングが伝線していたりしていませんか	☐
12	服装と靴下、ストッキング、靴など、色のバランスはとれていますか	☐

2 軽装のポイント

最近、会社の受付などで、「**当社はクールビズを励行しておりますため、社員がお客様を軽装でお出迎えする場合がございます。あらかじめご了承ください。**」といった断り書きを目にする機会が増えてきました。また、働き方改革の一環として、週に1回のカジュアルデーを設けている会社や、スーツの着用が義務付けられていない会社もあります。このような場合は、それぞれの会社のルールに従って適切な服装を選ぶことになります。軽装が認められている場合でも、相手に不快感を与えないという、身だしなみの基本マナーは共通です。

10

■クールビズ

「**クールビズ**」とは、地球温暖化防止対策の一環としての取り組みで、冷房時の室温が28度でも、汗をかかずに効率的に仕事ができるビジネススタイルのことです。ノーネクタイ、ノージャケットが基本スタイルです。

会社全体でクールビズが励行されている場合には、クールビズスタイルで出社してもかまいません。ただし、顧客先への訪問や来客などが予定されている場合には、ネクタイやジャケットを着用するようにします。いつ何があってもいいように、ネクタイとジャケットはロッカーに常備するか、持参するようにしておくとよいでしょう。

 POINT ▶▶▶

ウォームビズ

クールビズは春夏のビジネススタイルですが、秋冬のビジネススタイルとして、「ウォームビズ」があります。ウォームビズも地球温暖化防止対策の一環であり、暖房時の室温を20度に設定するための取り組みです。ジャケットの代わりに、ニットやカーディガンを羽織ったり、インナーウェアを重視したりして、必要以上に暖房の温度を上げなくても快適に過ごせるように工夫します。

■オフィスカジュアル

「**オフィスカジュアル**」とは、スーツ以外の自由な服装で出社することです。会社によっては、週に1回「**カジュアルデー**」を設けている場合もあります。オフィスカジュアルには、社員の柔軟な発想を引き出そうとする狙いもあるため、おしゃれを楽しむのもよいのですが、「**カジュアル**」という言葉のとらえ方は会社によっても、個人によっても様々です。したがって、あくまでも周囲との調和を考えながら、極端にカジュアルすぎない服装を心掛けましょう。

また、クールビズと同じで、オフィスカジュアルでも、自分のその日の予定に合わせてスーツで出社するかどうかを判断することが重要です。また、特に来客の多い会社では、来客の予定がない社員も、常にお客様の目を意識するようにします。

 POINT ▶▶▶

好ましくない服装

次のようなことに注意して、適切な服装を選びましょう。
- 極端に肌を露出させない
- アクセサリーが邪魔になったり派手すぎたりしない
- 半ズボンやランニングシャツなどは避ける
- 素足に履くサンダルやミュールなどは避ける
- 派手すぎるネイルアートやつけ爪は避ける

STEP 3 立ち居振舞い

1 立ち方

人と接する場合、それぞれの立場の人を尊重して、失礼のないように振舞うことは大切なことです。普段、人が当たり前のように行っている、立ったり座ったりといった身のこなし（立ち居振舞い）は、相手に自分を印象付けるアピールポイントにもなります。

美しい立ち方は、立ち居振舞いの基本です。正しい立ち方ができないと、正しく歩いたり座ったりすることができません。鏡を見て自分の立ち方を確認してみましょう。

美しい立ち方のポイントは、次のとおりです。

- 背筋を伸ばして立つ
- あごを引き、胸を張り、おなかを出さない
- 肩は力を抜き、左右の高さを揃える
- つま先は30度～60度に開く
- 男性は、指先を伸ばして、両手をズボンの縫い目に合わせる
  女性は、左手を上にして両手を身体の前で重ねる

第1章　ビジネスの基本マナー

2 歩き方

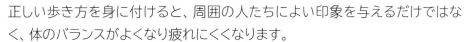

正しい歩き方を身に付けると、周囲の人たちによい印象を与えるだけではなく、体のバランスがよくなり疲れにくくなります。

通路やエレベーターホールなど、多くの人が行き交うような場所では、周囲に目を配りながら歩くことも必要です。書類などに視線を落としていると、人とぶつかったり、通行の妨げになったりする場合があります。目線はしっかりと進行方向を見据えて、姿勢を正して歩きましょう。

美しい歩き方のポイントは、次のとおりです。

- 背筋を伸ばして歩く
- あごを軽く引き、ひざを伸ばす
- 身体の重心を前方にかけて、テンポよく歩く
- 肩をゆすって歩かない
- 足を引きずったり、大きな足音を立てたりしない

動画で確認!

POINT ▶▶▶
歩くスピード

ゆっくり歩くと、通行の妨げになる場合があります。また、忙しいからといって、通路や廊下を走ったり動作が急すぎたりすると、周囲の迷惑になる場合があります。極端に遅すぎたり、速すぎたりしないように、周囲に目を配りながら、適度なスピードを保って歩きましょう。

3 座り方

椅子に座るとホッとして、ついつい姿勢がくずれやすくなります。姿勢が悪いと、だらしなく見えるだけでなく、疲れの原因となり、肩こりや頭痛など、体にも様々な影響を与えます。

また、だらしない姿勢をとっていると、仕事に対してもやる気がないように受け取られてしまいます。特に、人と向かい合って着席するような場面で、椅子の肘かけや背もたれにもたれかかったり、足を組んだりするのは好ましくありません。相手に悪い印象を与えてしまいます。

美しい座り方のポイントは、次のとおりです。

- ●背筋を伸ばし、肘かけや背もたれにはもたれかからない
- ●男性は、握りこぶしが2つ入る程度ひざを開き、手はももの上に置く
  女性は、ひざを揃え、左手を上にして手を重ねてももの上に置く

第1章 ビジネスの基本マナー

15

STEP 4 基本的なあいさつ

1 あいさつ

人との出会いはもちろん、会社の一日のはじまりも、すべて「**あいさつ**」からスタートします。あいさつには、人の心と心とをつなぎ、スムーズに会話をスタートさせる重要な役割があります。視線を合わせ、心をこめて元気よくあいさつをしたら、相手は好感を持ってくれるはずです。また、あいさつをされた人も、元気よくあいさつを返しましょう。あいさつを返すことで、あいさつをした人の気持ちを受け止めたことになります。

あいさつをするときには、次のような点を心掛けましょう。

- 自分から率先してあいさつをする
- 相手に聞こえるように、元気よく明るい声で心をこめてあいさつをする
- 必ず相手の目を見てあいさつをする
- 自然な笑顔であいさつをする
- 相手の立場に合わせて、適切なあいさつ言葉を使い分ける
- あいさつをされたら、必ずあいさつを返す

■様々なあいさつ

外出などで席をはずすときは周囲の人に目的や行き先を明らかにしておきます。戻って来たら、黙って席に着かずに、周囲の人に一言声をかけます。不在時に電話を受けた人が対応に困ってしまわないように配慮しましょう。

職場におけるあいさつには、次のようなものがあります。

場面	あいさつ
出社したとき	おはよう おはようございます
お客様に出会ったとき	いつもお世話になっております
別れるとき	失礼いたします さようなら
外出するとき	行ってきます 行って参ります
外出を見送るとき	行ってらっしゃい 行ってらっしゃいませ
外出から戻ったとき	ただいま ただいま戻りました
外出から戻った人を迎えるとき	お帰りなさい お帰りなさいませ お疲れさまです
帰宅するとき	お先に失礼いたします
帰宅を見送るとき	お疲れさまでした

POINT ▶▶▶

「ご苦労さま」と「お疲れさま」の使い分け

よく目上の人に対して「ご苦労さま」と声をかけている人がいます。「ご苦労さま」というあいさつは、一般に、仕事などを依頼した目下の人に対して使う、ねぎらいの言葉と認識されています。したがって、上司が部下に対して「ご苦労さま」と声をかけるのは正しくても、その逆は失礼にあたります。ビジネスでは、相手が目上なのか目下なのかを判断できない場合も多いため、「ご苦労さまです」ではなく「お疲れさまです」を使うようにします。

第1章 ビジネスの基本マナー

2 おじぎ

あいさつをするとき、言葉以外に「**おじぎ**」という動作を伴います。おじぎを加えることで、相手に対してさらに敬意を表すことができます。しかし、首だけ下げておじぎをしたり、相手を見ないでおじぎをしたりするのは、相手に失礼になるので注意しましょう。どのような場面でも、おじぎは形だけでなく心をこめて行うことが大切です。

美しいおじぎのタイミングとポイントは、次のとおりです。

1	背筋を伸ばし両足を揃えて、相手を見る
	●男性は、指先を伸ばして両手をズボンの縫い目に合わせる 女性は、両手を前へ自然にすべらせ、軽く身体の前で合わせる
2	首を曲げないように気を付けながら、腰から上半身を折り、礼をする
	●おじぎをするときは、視線を下に落とす
3	ゆっくりと体を起こす
	●相手より少し遅めに頭を上げる

次の3つのおじぎの仕方を覚えて、ビジネスシーンで適切に使い分けましょう。

種類	説明	ビジネスシーン
会釈	軽いおじぎ 上半身を軽く15度程度傾ける	先輩や上司など一日に何度も顔を合わせるような相手や、通路ですれ違う相手に対して軽くあいさつをするときなど
敬礼	上半身を30度程度傾ける	来客に対するあいさつや、来客を出迎えたり、見送ったりするときなど
最敬礼	最も丁寧なおじぎ 上半身を45度程度傾ける	謝罪や大切なお願いをするときなど

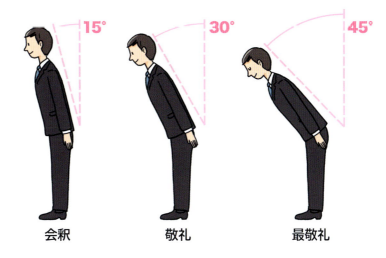

会釈　　　敬礼　　　最敬礼

POINT ▶▶▶

声を出すタイミング

あいさつを伴うおじぎのタイミングには、「分離礼」と「同時礼」があります。同時礼は、あいさつの言葉が地面に向かってしまうため、ビジネスでは「分離礼」をするのが一般的です。しかし、通路ですれ違った相手に会釈するような場面において分離礼を行うと、不自然に感じることもあるため、軽いあいさつの場合には同時礼でも問題ないでしょう。

種類	説明	ビジネスシーン
分離礼	丁寧な礼 相手と目を合わせてあいさつをしたあと、頭を下げる	お礼を言うときや、謝罪するときなど
同時礼	略式の礼 あいさつと同時に頭を下げる	日常のあいさつをするときなど

実践問題

おじぎを練習してみましょう。

●次の3つのタイミングで、会釈、敬礼、最敬礼を練習してみましょう。

> ① 背筋を伸ばし、両足を揃えて相手を見る
> ② 腰から上半身を折り、礼をする
> ③ ゆっくりと体を起こす

●練習したおじぎについて、次の項目を確認しましょう。

1	会釈はできましたか	☐
2	敬礼はできましたか	☐
3	最敬礼はできましたか	☐
4	笑顔でしたか	☐
5	相手の顔を見ましたか	☐
6	明るい声ではっきりとあいさつをしましたか	☐
7	心をこめておじぎをしましたか	☐
8	自然なおじぎができましたか	☐

第1章 ビジネスの基本マナー

STEP 5 就業中のルール

1 出社時間

始業時間は出社時間ではなく、仕事を開始する時間と考えましょう。始業時間の少なくとも5分前には在席しているようにします。始業前に朝礼が行われる会社であれば、朝礼後すぐに仕事に取りかかれるように、さらに余裕を持って出社します。書類の整理や飲み物の準備など、仕事に入る前の準備は、朝礼が終わってからではなく、朝礼前に済ませておきます。その際に、今日1日の予定や仕事の優先順位などを確認しておくと、効率よく仕事を開始できます。

2 遅刻の連絡

社会人として、遅刻は望ましくありません。遅刻が多い人は、どんなに仕事ができたとしても、周囲からの信用が下がってしまいます。このことをしっかり認識しておくことが大切です。

やむを得ず遅れる場合は、遅れることが明らかになった時点で、会社に速やかに連絡を入れます。電車やバスなど交通機関の遅延が理由で遅れるときは、遅延状況や到着予定時刻などを簡潔に伝えます。到着予定時刻を大幅に超えるようであれば、再び連絡を入れます。

日付や曜日、天候などの影響で、交通機関の混雑や遅延が予測される場合は、普段より早めに家を出るように心掛けます。事故や遅延が頻繁に発生している路線であれば、通勤経路の変更を検討する必要があるかもしれません。

会社への遅刻の連絡は、一般的には電話で入れますが、会社によってはメールやグループウェアで連絡するようにルールが決められている場合もあります。事前に、遅刻の連絡方法についても確認しておきましょう。

> **POINT ▶▶▶**
>
> ### 遅延証明書の提出
>
> 電車やバスなどの事故や故障などで、一定時間の遅延が発生した場合には、それぞれの事業者が駅の改札口やホームページなどで「遅延証明書」を発行してくれます。遅延証明書は、遅刻の原因が本人ではなく、交通機関の遅れにあることを公に証明するものです。遅延証明書を受け取り、出社後に会社に提出します。遅延証明書がないと、正当な理由と認められない場合もあるので注意しましょう。

実践問題 遅刻の連絡について、練習してみましょう。

●次のキーワードを使って、電話で会社に遅刻の連絡を入れる練習をしてみましょう。

解答 ▶ P.181

- ●出勤途中に、交通機関のトラブルが発生し、1時間程度遅刻しそうである
- ●〇〇線〇〇駅付近で停電があり、全線不通
- ●復旧見込みは、30分後

●練習した電話連絡について、次の項目を確認しましょう。

1	あいさつをしましたか	☑
2	名乗りましたか	☑
3	状況を説明しましたか	☑
4	到着予定時刻を伝えましたか	☑

3 休暇の取り方

休暇には、事前に申請して計画的に取得する休暇と、やむを得ない事情による突然の休暇があります。どちらの場合でも休暇を取得する際には、仕事の状況を見極めることはもちろん、周囲への気づかいが大切です。

休暇には、年次有給休暇や産前産後休暇などの労働基準法に基づく休暇、育児・介護休業法に基づく休暇など、様々な種類があります。取得可能な休暇の種類や日数、申請方法、有給か無給かなどの規定は会社ごとに異なるため、就業規則をよく確認しておきましょう。

休暇を取得する際には、次のような点に配慮しましょう。

■事前に申請して取得する休暇

休暇を取りたい日が決まったら、早めに申請して仕事のスケジュールを調整し、周囲の理解を求めます。言いづらいからといって直前に申請すると、かえって周囲に迷惑がかかります。忙しい時期は避ける、仕事を先に進めて片付けておく、休暇中の対応を依頼しておくなどの配慮が必要です。

■突然の休暇

当日の朝になって連絡を入れるような突然の休暇は、周囲に迷惑がかかります。突然の休暇が多いと、周囲からの信用が下がるということを認識しておきましょう。

しかし、体調不良や家庭の事情など、やむを得ない場合もあります。休暇の連絡をする際には、仕事の状況をよく判断したうえで、業務の連絡事項があれば必ず伝えます。

POINT ▶▶▶
健康管理
日ごろから健康管理も仕事のひとつと考え、睡眠や栄養を十分に取り、適度な運動をして健康を維持するように努力しましょう。特に、季節の変わり目や残業が続いたときなどは気を付けたいものです。

4 退社時のマナー

終業時間になり、自分の仕事が終了したら、上司、先輩、同僚など一緒に仕事をしている人に手伝うことはないかを確認します。特になければ、一言あいさつをしてから帰ります。

先に帰りにくいからといって、仕事がないのにだらだらと残っているのは感心できません。かえって周囲の迷惑になる場合もあります。逆に、用事があるからといって、やるべき仕事を放り出して帰るようでは、仕事に対する責任感が問われます。

また、退社時は机の上を片付け、周囲にあいさつをして速やかに帰りましょう。帰る前に翌日の計画を立てたり、手順を確認したりしておくと、翌日も効率よく仕事を進めることができます。

POINT ▶▶▶
喫煙のマナー
最近では、公共の場だけでなく、社内やビル全体を禁煙にするケースが増えています。たばこを吸いながら仕事をすると、自分だけでなく周囲の人の健康まで害してしまう恐れがあります。喫煙コーナーなどの決められた場所で吸うようにします。

また、たばこを吸わない人へのマナーとして、喫煙コーナーでの長居は禁物です。早めに仕事に戻るようにしましょう。

Exercise 確認問題

解答 ▶ P.181

第1章 ビジネスの基本マナー

次の文章を読んで、正しいものには〇、正しくないものには✕を付けましょう。

1. 個人の態度やマナーはあくまで個人の評価につながり、会社のイメージや評価には関係ない。

2. 明るい印象を与えるため、服装はできるだけ派手にしたほうがよい。

3. クールビズが励行されている会社であっても、来客時にはジャケットとネクタイを着用するほうがよい。

4. 人と向かい合って着席するような場面では、椅子の背もたれにもたれかからず、背筋を伸ばして座る。

5. 社内の用事で席をはずすときには、特に周囲にあいさつをする必要はない。

6. 最も丁寧なおじぎは「最敬礼」である。

7. 始業時間は出社時間と考えるべきではない。

8. 交通機関の遅延で出社が遅れる場合は、会社に連絡を入れなくてもよい。

9. 有給休暇は労働者の当然の権利であるため、突然休むことになっても会社に休暇取得の連絡をしなくてもよい。

10. 退社時は、残業している人の邪魔になるので、黙って帰るほうがよい。

Chapter

■第2章■
コミュニケーションの
基本マナー

コミュニケーションの取り方や言葉づかいについて説明します。

STEP1	コミュニケーションの概要	25
STEP2	ビジネス会話	28
STEP3	言葉づかいと口癖	31
STEP4	敬語	36
STEP5	接遇用語	42
STEP6	クッション言葉	44
STEP7	報告・連絡・相談	46
STEP8	会議	52
STEP9	トラブル対応	56
確認問題		59

STEP 1 コミュニケーションの概要

1 コミュニケーションとは

「コミュニケーション」とは、社会生活を営むうえで最も重要な要素である**「情報」**
「知識」「感情」「意思」をともにわかちあい、共有することを指します。コミュニ
ケーションのないところにビジネスは成立しません。また、適切な方法でコミュ
ニケーションが取れなければ、よりよい人間関係を築くこともできません。

コミュニケーションは、**「相手に伝える技術」**と**「相手から受け取る技術」**の2つの
技術から構成されます。相手に伝えたい内容を、すべての人が、まったく同じ
意味や価値で受け取るとは限りません。伝えようと意図したものが受け取る人
によって異なってしまったり、ずれてしまったりすることがあります。ここにコ
ミュニケーションの難しさがあります。

コミュニケーションがうまく取れない原因には、次のようなものが考えられます。

■送り手と受け手による原因

立場の違いや年代の違いなどで、同じ言葉でも受け取るイメージが異なった
り、理解できなかったりすることがあります。

■送り手による原因

受け手に遠慮しすぎて、言うべきことを言わないでいると、伝えたいことが正
確に伝わりません。

逆に、相手の反応を無視して話を進めてしまうと、退屈している人を退屈させ
たままに、混乱している人を混乱したままに、怒っている人をさらに怒らせてし
まうことになりかねません。

■受け手による原因

同じ話でも信頼できない人からの話となると、自己防衛の意識が働き、素直
に受け取れなくなるものです。また、あまり興味のない話は印象が薄くなりが
ちで、すぐに忘れてしまったり、最初から頭に入らなかったりします。

さらに、自分がよく理解できないことについては、推測したり自分に都合のよ
いように解釈したりする傾向があり、無意識のうちに内容がゆがめられてしま
うこともあります。

受け手が聞く態勢になっていない例には、次のようなものがあります。

原因	具体例
忍耐力不足	話の終わりが見えずにイライラする 相手の話し方が自分にとって落ち着かない　など
退屈さ	寝不足や疲れなどでボーっとしてしまう 関係ない話を長々とされる　など
慣れの気持ち	同じ状況が何度も続く　など
自分の注意が散漫	周囲の人の声・物音が気になる その他の音（工事の音、サイレンの音）が気になる　など
心配ごと	心配ごとや気になっていることがある（仕事に関係したこと、個人的なこと）　など

POINT ▶▶▶

フィードバック

コミュニケーションでは、伝達した内容に対する反応を確認できるような仕組みが必要です。送り手のメッセージに対する受け手の反応を「フィードバック」といいます。受け手は、送り手が何のために（目的）、何を（内容）伝えたいのかを理解したうえで、適切なフィードバックを行うことが必要です。

例えば、送り手のメッセージに対して、「〜ですか」「〜ということでしょうか」などと自分が理解した内容を話すと、送り手は受け手の理解度を確認することができ、誤解や意識のズレを防ぐことができます。

2　コミュニケーションの要素

よりよいコミュニケーションを実現するための要素には、次のようなものがあります。

これらの要素を適切に組み合わせることが重要です。

要素	説明
対象（誰に）	コミュニケーションを取る相手を明確にする
目的（何のために）	コミュニケーションを取る目的を明確にする
内容（何を）	伝えたい内容を明確にし、整理する
手段（どうやって）	どのような方法で伝えるべきかを決定する

3 コミュニケーションの手段

伝えるべき内容を正確に伝えるためには、受け手の理解を十分に得られるような方法でコミュニケーションを取る必要があります。また、目的に応じて適切な手段を使い分けることも重要です。例えば、多大な迷惑をかけた相手に対して、メールで謝罪を済ませるのは失礼です。

コミュニケーションの手段には次のようなものがあります。それぞれのメリットとデメリットを把握しておきましょう。

手段	メリット	デメリット
面会	相手の表情が見える 理解度を目と耳とで直接確認できる あらかじめ日程を調整できる 補足資料などを有効に使える	話の内容以外の要素が相手の理解を左右する 遠距離になるほど時間やコストがかかる 場所を確保する必要がある
一般電話	離れている相手とすぐにコミュニケーションが取れる 理解度を確認できる	相手の表情が見えない 相手の時間を拘束する 記録を残すことが難しい
携帯電話	離れている相手とすぐにコミュニケーションが取れる いつでもどこでも連絡できる 待ち合わせや緊急時の連絡手段として使える	相手の表情が見えない 相手の時間を拘束する 記録を残すことが難しい プライベートとの使い分けが難しい
メール	他人に読まれる心配が少ない 時間を気にせず送信できる 複数の人に同時に送信できる 資料などを一緒に送信できる 空いた時間を利用して読める 記録を残すことができる	必ず読んでもらえるとは限らない 複雑な内容を伝えにくい 文章から得られるイメージや理解が人によって異なる 送信ミスが起こり得る
文書	正確な情報を記載できる 空いた時間を利用して読める 文書によっては法的な拘束力を持たせることができる 記録を残すことができる	必ず読んでもらえるとは限らない 文章から得られるイメージや理解が人によって異なる
FAX	時間を気にせず送信できる 資料や書類などをそのままのイメージで伝えることができる 記録を残すことができる	プライバシーが保護されない 大量に送受信すると周囲に迷惑がかかる 送信ミスが起こり得る

STEP 2 ビジネス会話

1 ビジネス会話とは

ビジネスにおいて、周囲の人とコミュニケーションを取るために必要な会話が「ビジネス会話」です。日常生活での会話と区別されるのは、相手との年齢差だけでなく、ビジネス上の人間関係をわきまえて会話を進めなければならないからです。ビジネスでは、自分の意思だけで相手を選ぶことはできないため、言葉づかいや表現方法をしっかりと身に付けておく必要があります。ビジネス会話は、個人対個人の会話であると同時に、会社対会社の会話であることを認識しておきましょう。また、あらかじめ要点を整理し、できるだけ短時間で、伝えるべきことを正確に伝える技術が求められます。もちろん、会話は話し手だけでは成立しません。聞き手として、相手の話にきちんと耳を傾けたり、正確に理解したり、場の雰囲気を盛り上げたりする努力も大切です。

ビジネス会話では、次のようなことに気を付けましょう。

■言葉づかい

相手の立場をわきまえた適切な言葉を選びます。友好的な関係を築きたいからといって、なれなれしい印象を与えるのは禁物です。

■声のトーン

大人数を目の前にして話すとき、商品を説明するとき、状況を報告するとき、謝罪するときなど、場所や目的などによって声のトーンを意識的に変えると、伝えたいことがより伝わりやすくなります。

■視線

会話をするときは相手を見ることが基本ですが、落ち着きのない目の動きや、相手を見据えるような視線、見下したような視線などは逆効果です。

話すときは、相手の顔(口のあたり)をさりげなく見て、ときどき視線を合わせるようにします。

次のような行為は、相手に悪い印象を与えるので注意しましょう。

- ●相手の顔をじっと見る(相手が話に集中できなくなる)
- ●キョロキョロする(落ち着きがない印象を与える)
- ●下ばかり見る(自信がなさそうに見える)

■話すスピード

早口だと、相手が話を理解できなかったり、聞き取れなかったりします。速すぎず、遅すぎず、適切なスピードを心掛けます。

■身振り手振り

派手なジェスチャーは必要ありませんが、強調したいポイントなどで身振り手振りを交えると、相手の心を引きつけたり、理解を促したりすることができます。

2 ビジネス会話の進め方

ビジネス会話には必ず目的があります。目的を達成するためには、会話を効果的に進めるための準備、心構え、マナーが必要です。
ビジネス会話の基本的な流れは次のとおりです。

1 誰に何を伝えたいかを明確にする

- 何のために、誰に、何を、どのような手段を使って伝えるべきかを考える
- 伝えたい内容を頭の中、あるいはメモ帳や資料などにまとめる
- 短時間で相手が理解できるように話の流れを組み立てる

2 時間と場所を確保する

- 相手の仕事の状況に配慮し、話しかけるタイミングを見計らって相手の都合を確認する
- 話の内容に合わせて適切な場所を確保する

3 主題から入る

- 何についての話なのかを最初に明確に伝える
- 次にその前提となる話や、根拠となる話を展開する
- 適切な言葉づかい、話すスピード、ジェスチャーなどに気を配る

4 相手の反応を確認する

- 相手の表情を見ながら話を進め、首を傾げたり不満そうな表情を浮かべたりしていれば、その場で意見や感想を求める

5 会話の内容を総括する

- 相手との間で決定したことや約束したことについて再確認する
- 時間を割いてもらった相手に対して感謝の気持ちを伝える

POINT ▶▶▶

会話のきっかけづくり

いきなり本題に入るよりも、今日の天気や最近のニュースなど、差し障りのない話題で会話のきっかけを作ると、その場の雰囲気がなごみ、スムーズに会話をスタートさせることができます。ただし、意見の食い違いが出るような話題や、プライベートな話題、相手を不利な立場に追いやるような話題は禁物です。短めに切り上げるようにしましょう。

POINT ▶▶▶

あいづちを打つ

会話においては、聞き上手になる努力も必要です。あいづちを打つことで、会話にキャッチボールが生まれ、話し手が話しやすいような雰囲気を作ることができます。あいづちがないと、聞いているのか理解できているのかわからず、話し手のストレスがたまります。
ただし、本当は理解できていないのに、わかっているような振りをするのはよくありません。
<例>「ええ」「はい」「そうですね」「なるほど」「それは大変ですね」「難しそうですね」「すごいですね」

事例で考えるビジネスマナー

得意先でのビジネス会話

営業部のAさんは、新商品を紹介しようと、久しぶりにお得意様であるZ会社のY部長を訪れました。事前にY部長の都合を聞き、忙しい中、時間を作っていただいたのですが、訪問してみると、「急ぎの用件ができてしまい、10分しか時間がない」と言われてしまいました。「わかりました」と言いつつ、「ところで、最近調子はいかがですか」と切り出したAさん。結局、世間話だけで5分が経過。ようやく新商品の説明に入ったものの、事前に用意した資料に従って、業界動向や商品開発の経緯を説明しているうちに時間が足りなくなってしまいました。

■この事例について、次の項目を考えてみましょう。　　　解説 ▶ P.187

	チェック項目	YES	NO
❶	事前にY部長の都合を聞いてから訪問したのは、正しかったですか	☐	☐
❷	雰囲気をなごませようと、世間話から入ったのは正しかったですか	☐	☐
❸	事前に準備しておいた資料に従って説明を進めたのは、正しかったですか	☐	☐

STEP 3 言葉づかいと口癖

1 不適切な言葉づかい

相手の立場や、その場の状況をわきまえない言葉づかいは、相手に不快感を与えるだけでなく、社会人としての常識を疑われてしまいます。ビジネスでは、家庭やプライベートで当たり前に使っている言葉でも、通用しないことがあるので注意が必要です。普段から言葉づかいに注意を払い、正しい使い方を心掛けていないと、大事な場面で思わず不適切な言葉づかいが出てしまいます。次のような言葉づかいをしないように気を付けましょう。

■流行言葉やなれなれしい言葉づかい

相手に、けじめのないふざけた印象を与えてしまいます。

```
<悪い例>
「違うっていうか・・・。」
「こちらの商品になっちゃいますね。」
「それじゃぁ・・・。」
「マジですか。」
```

```
<良い例>
「○○ではなく、△△です。」
「こちらの商品でございます。」
「それでは・・・。」
「さようでございますか。」
```

■相手を見下した言葉

相手が責められているように感じ、怒らせてしまう可能性があります。

```
<悪い例>
「まだできませんか。」
「早くいただけますか。」
```

```
<良い例>
「もう少し時間がかかりそうでしょうか。」
「早めにいただくことは可能でしょうか。」
```

第2章 コミュニケーションの基本マナー

■丁寧すぎる敬語

必要以上に丁寧な敬語は、かえって耳障りです。

<悪い例>
「お店で販売させていただいております。」
「お教えしていらっしゃいます。」

<良い例>
「お店で販売いたしております。」
「教えていらっしゃいます。」

■指示語

「あれ」「これ」「それ」など、何を指すのか不明瞭な表現は避けましょう。正しく伝わらなかったり、誤解を招いたりします。

<悪い例>
「あのときの話ですよ。」
「この前お渡ししたあれはいかがでしたか。」

<良い例>
「〇〇月〇〇日の会議で出た話です。」
「水曜日の打ち合わせで配布した資料はいかがでしたか。」

■あいまいな言葉

言葉の意味をにごすと、自分の発言に責任を持たないかのような印象を与えてしまい、相手を不安にさせ、信用をなくす可能性があります。

<悪い例>
「番号を間違えたのかもしれませんね…。」
「お渡ししたような気がするのですが…。」

<良い例>
「番号を間違えてしまったようです。」
「確かにお渡ししました。」

2 口癖が与える印象と改善方法

口癖が頻繁に出てくると、相手も気になってしまい、理解の妨げになります。
口癖は極力なくすように努めましょう。

主な口癖が与える印象と改善方法には、次のようなものがあります。

■語尾に出てくる口癖

口癖	印象	改善方法
～ですねー	聞き流されているような印象 単調な印象	・意味のまとまりで区切る ・語尾のバリエーションをつける
～です? ～ですかね? ～なんでぇー	ラフな印象	・「～ですか」「～なので、～です」と丁寧に表現する
語尾が上がる	幼い印象	・疑問形や依頼形以外では、語尾は上げないように意識する
語尾が下がる	自信のなさそうな印象	・言葉をしっかり言い切る
語尾を強調する	高圧的な印象	・「～よね」「～ので」「～ですよ」「～けれども」などの強調になりやすい語尾を使わずに、ほかのバリエーションをつける
語尾を伸ばす	歯切れの悪いあいまいな印象	・語尾のバリエーションをつける ・簡潔な文章で話す
語尾を省略する	正しい敬語を使っていない印象	・「～か」「～でしょうか」をつける

■話す前に出てくる口癖

口癖	印象	改善方法
えー えーっと あのー	歯切れの悪い印象	・不要な言葉なので使用しない ・クッション言葉に置き換える
あっ	自信のなさそうな印象	・ゆっくり落ち着いて、間を取りながら話す
ちょっと	ラフな印象	・「少々」「少し」などのほかの言葉に置き換える

■会話の途中で出てくる口癖

口癖	印象	改善方法
〜のほう 〜というかたち	文章がまわりくどく、意味がぼやける	・不要な言葉なので、使用しない
〜っていうか うん んー	なれなれしく、幼い印象	・不要な言葉なので、使用しない ・「はい」「ええ」などの他の言葉に置き換える

POINT ▶▶▶
その他の口癖

「私的には〜」「一応〜」「超○○」「逆に〜」「なにげに〜」「やばい」「うざい」など、若者特有の言葉もビジネスシーンでは注意が必要です。このような言葉は、幼稚な印象を与えるため、使わないように日ごろから心掛けましょう。

正しい発声

会話は相手が聞き取りにくくては成立しません。内容を相手にきちんと受け止めてもらうためには、聞き取りやすい発声をすることが重要です。正しい発声ができていないと、声が小さくなったりかすれたりします。
次のポイントを押さえて、適切な大きさで話せるように正しい発声を身に付けましょう。

●姿勢を正す
下を向くと声門（左右の声帯の間にある隙間）が狭められてしまうため、できるだけ正しい姿勢で声を出すようにします。

●腹式呼吸を使う
「腹式呼吸」とは、吸い込んだ息がおなかに集まる状態のことをいいます。腹式呼吸で話すと声が響くので、大きく堂々とした声に聞こえます。また、腹式呼吸を正しく行えば、喉が痛くなったり声がかすれたりするのを防ぐことができます。
腹式呼吸の手順は、次のとおりです。

1 背筋を伸ばして姿勢を正し、息を吐く
- おなかが引っ込む

2 肩を上げないように、息をゆっくり限界まで吸う
- おなかが膨らむ
- 慣れないうちは、口からでなく鼻から息を吸うと、おなかに空気が入りやすくなる

3 10秒で吸った息をゆっくり全部吐く
- おなかが引っ込む
- 10秒で息を吐くことができるようになったら、15秒、20秒…と時間を長くする

正しい発音

言葉は、相手が聞き取れるように明瞭に発音することが大切です。口を大きく開けると、明瞭に発音できます。特に、母音の発音は重要です。
次のようなポイントを押さえて、相手がはっきりと聞き取れる正しい発音を身に付けましょう。

● 母音の口と唇の形
母音の口の開き方と唇の形を図で確認しましょう。

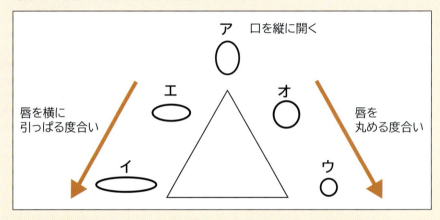

● 滑舌を鍛える
滑舌とは、口の動きを滑らかにすることです。滑舌を鍛えると、はっきりと聞き取りやすい発音ができるようになります。滑舌を鍛えるためには、次のような早口言葉のトレーニングが有効です。
最初はゆっくりと発音し、慣れてきたら徐々にスピードアップしてみましょう。

①青は　藍より出でて　藍より青し
②赤まきがみ　青まきがみ　黄まきがみ
③お綾や　お母riに　お謝りなさい
④うぬぼれは　うようよいるが　敬(うやま)われる人は少ない
⑤医者と石屋が　いいあいのときに　医者と石屋がいあわせた
⑥歌唄いが来て　歌　唄えというが　歌唄いぐらい　歌　唄えれば唄うが
　歌唄いぐらい　歌　唄えぬから　歌　唄わぬ
⑦この縁の下のくぎ　引き抜きにくい
⑧菊栗(きくくり)　菊栗　三菊栗(みきくくり)　合わせて　菊栗　六菊栗(むきくくり)
⑨神田鍛冶町(かんだかじちょう)の角の乾物屋の勝栗(かちぐり)はかたくてかめない
⑩毛虫にけやきが　けやきに毛虫が　けやきと毛虫　毛虫とけやき

● 歯切れのよい口調
「あ」と「お」を意識してはっきり発音すると、歯切れのよい口調に聞こえます。

　　＜例＞ お問い合わせ、ありがとうございます。
　　　　　 お電話、ありがとうございます。

STEP 4 敬語

1 敬語の種類

「敬語」とは、相手を敬う気持ちを表現するための言葉であり、社会関係や人間関係を調和させる重要な役割を果たします。正しい敬語の使い方は、その人の社会人としての常識をはかる尺度にもなります。状況に応じて、ごく自然に、正しい敬語を使い分けることが大切です。

敬語には、大きく分けて**「尊敬語」「謙譲語」「丁寧語」**の3つがあります。

■尊敬語

相手や第三者の動作や状態を自分より高めることで、敬意を示す言葉です。

◆動詞に付ける（「れる」「られる」「お〜になる」を付ける）

<例>「言われる」「お帰りになる」

◆動詞が置き換わる

<例>「行く」→「いらっしゃる」　　「見る」→「ご覧になる」

■謙譲語

相手に対して自分がへりくだることで、相手に対する敬意を示す言葉です。

◆動詞に付ける（「お（ご）〜する」を付ける）

<例>「お知らせする」「ご説明する」

◆動詞が置き換わる

<例>「来る」→「参る」　　「見る」→「拝見する」
　　「言う」→「申し上げる」

■丁寧語

丁寧な表現を使うことで、相手に対する敬意を示す言葉です。**「です」「ます」**などを語尾に付けたり、言葉の頭に**「お」**や**「ご」**を付けたりします。

<例>「そうだ」→「そうです」　　「電話」→「お電話」
　　「あります」→「ございます」　「在席」→「ご在席」

2 代表的な敬語の使い方

代表的な敬語の使い方は、次のとおりです。

通常の言葉	尊敬語	謙譲語	丁寧語
言う	おっしゃる 言われる	申す 申し上げる	言います
する	なさる される	いたす	します
いる	いらっしゃる おいでになる	おる	います
行く	いらっしゃる	伺う	行きます
来る	おいでになる お見えになる お越しになる	参る	来ます
見る	ご覧になる	拝見する	見ます
聞く	お聞きになる	伺う 承る 拝聴する	聞きます
食べる	召し上がる	いただく	食べます
もらう	お受けになる もらわれる	いただく	もらいます
与える	たまわる くださる 与えられる	差し上げる	あげます
思う	お思いになる 思われる	存ずる	思います
知る	ご存じ	存じ上げる	知ります
会う	お会いになる	お会いする お目にかかる	会います

3 気を付けたい敬語の使い方

敬語は慣れないと難しいものですが、使い方を間違えると恥ずかしい思いをします。
気を付けたい敬語の使い方には、次のようなものがあります。

■二重敬語

2つの敬語を重ねて使うのは間違いです。

誤	正
お客様がおいでになられました	お客様がおいでになりました
14時にお伺いさせていただきます	14時に伺います
お話しになられる	お話しになる

■尊敬語と謙譲語の混同

1つの文章の中で尊敬語と謙譲語を同時に使うのは間違いです。

誤	正
ご拝見願います	ご覧になってください
お名前を申してください	お名前をおっしゃってください
お客様が伺われました	お客様がいらっしゃいました

POINT ▶▶▶

ビジネス敬語の基本

社内で上司や先輩に対して敬語を使うのは当たり前ですが、社外の人に自社の人のことを話すときは、敬語は使いません。

誤	正
○○部長は席にはおられません	部長の○○は、席をはずしております
○○さんは出張されています	○○は、あいにく出張しております

また、お客様や他社の人と話をするときは、相手が年下であっても常に敬語を使いましょう。
そのほかにも、次のような点に注意します。

● 他社に対しては「御社」「貴社」を使い、自社に対しては「当社」「弊社」を使う
● 社外の人に対して自社の役職者は「役職名＋名前」で呼ぶ

> <例>「部長の○○」

● 顧客や取引先の役職者は「役職名＋名前＋様」で呼ぶ

> <例>「社長の○○様」「部長の○○様」

● 役職名に敬称は付けない

> **POINT ▶▶▶**
>
> **美化語**
>
> 「お手紙」「ご家族」など、「お・・・」「ご・・・」を付けた丁寧語を「美化語」といいます。
> 美化語は自分の言葉をやわらかく表現するために用いられます。ただし、ただ付ければよいというものではありません。原則として、次のような言葉には美化語を用いません。
> - 動物、自然現象（犬、猫、雷、地震など）
> - 外来語、外国語（コーヒー、スケジュール、パソコンなど）
> - すでに敬語で表している言葉（社長、先輩など）
> - よい意味でない言葉（汚い、低いなど）

4 シーン別・敬語の使い方

社内や社外でよくあるシーンについて、正しい敬語の使い方を覚えておきましょう。

■社内の人に対する敬語の使用例

シーン	正しい敬語の例
上司に来客を告げる	○○部長、お客様が受付にお見えになっています ○○部長、お客様が○○会議室でお待ちになっています
部長が呼んでいることを課長に伝える	○○課長、部長がお呼びです
課長の不在を部長に伝える	○○課長は、ただいま席をはずしていらっしゃいます
上司に予定を確認する	○○課長のご都合はいかがですか
上司の指示を受ける	承知いたしました 承りました
忙しい人に話しかける	お忙しいところ申し訳ありません 少しだけお時間よろしいでしょうか
話し中の人に急ぎの用事を伝える	お話し中、失礼いたします
他部署の社員の在席を確認する	○○さんはご在席でしょうか
他部署に訪問する	こちらから伺います
先に退社する社員をねぎらう	お疲れさまです

■社外の人に対する敬語の使用例

想定シーン	正しい敬語の例
社内で社外の人を案内する	会議室へご案内いたします
社外の人に来社を依頼する	当社にお越しいただいてもよろしいでしょうか
来社の前日に確認をする	明日、○時にお待ちしております
雨の日に来社した人にあいさつする	足もとの悪い中、ご足労いただきまして、誠にありがとうございます
来社した人を待たせる	こちらで少々お待ちいただけますか
社外の部長に連絡を取る	部長の○○様はご在席でしょうか
社外の部長に都合を確認する	部長の○○様のご都合はいかがでしょうか
社外の人に上司を紹介する	こちらがわたくしどもの部長の○○です
社外の人に上司からの伝言をする	わたくしどもの部長の○○が～と申しておりました
上司に社外の人を紹介する	こちらが○○株式会社の○○様です
上司に社外の人からの伝言をする	○○株式会社の○○様が～とおっしゃっていました
他社の営業開始時間を確認する	御社の営業時間は何時からでしょうか

事例で考えるビジネスマナー

お客様の前での話し方

Bさんは、課長に同行して取引先の会社に行きました。

お客様からの質問に対して、すぐには回答できないような点が出てきましたが、課長によれば「事務所に電話すればわかるはず」とのことでした。お客様も「できればすぐにでも確認して欲しい」と希望されたため、Bさんが携帯電話を使ってその場で事務所に連絡をしました。

同僚が出たので「お疲れさま、忙しいところごめんね」とあいさつして、用件を伝えました。すぐに確認がとれたので、無事に回答することができました。

■この事例について、次の項目を考えてみましょう。　解説 ▶ P.187

	チェック項目	YES	NO
❶	打ち合わせ中にお客様の前で電話したのは正しかったですか	☐	☐
❷	同僚へのあいさつの仕方は正しかったですか	☐	☐

実践問題 敬語の練習をしてみましょう。

●敬語を話してみましょう。

①お客様が受付にお見えです。
②提案書を拝見しました。
③代わってご用件を承ります。
④御社の営業時間を教えてください。
⑤送付した資料は、ご覧いただけましたか？
⑥もう一度おっしゃっていただけますか？
⑦どのように申し上げたらよろしいでしょうか？
⑧当社までお越しいただけますか？
⑨すでにご存じのとおり、本社が中央区に移転しました。
⑩明日、お会いできますか？

●尊敬語、謙譲語、丁寧語を書いてみましょう。
解答 ▶ P.181

通常の言葉	尊敬語	謙譲語	丁寧語
行く	⑪	⑫	⑬
食べる	⑭	⑮	⑯
見る	⑰	⑱	⑲
思う	⑳	㉑	㉒
もらう	㉓	㉔	㉕
会う	㉖	㉗	㉘
知る	㉙	㉚	㉛
聞く	㉜	㉝	㉞
いる	㉟	㊱	㊲
来る	㊳	㊴	㊵
言う	㊶	㊷	㊸
与える	㊹	㊺	㊻
する	㊼	㊽	㊾

●正しい敬語に直してみましょう。
解答 ▶ P.181

誤	正
山本様がおいでになられました	㊿
お話しになられる	51
パンフレットをご拝見願います	52
会社名を申してください	53
受付にお客様が伺われました	54

STEP **5** 接遇用語

1 接遇用語とは

ビジネス会話では、敬語と同じように重要な言葉づかいとして**「接遇用語」**があります。接遇とは、人をもてなすことを意味します。つまり接遇用語は、主にお客様に対する話し方の基本です。丁寧でやわらかい表現が特徴ですが、場合によっては事務的に聞こえるため、心をこめて自然に使えるようになりたいものです。

接遇用語を使うメリットには、次のようなものがあります。

- ●より丁寧な印象を与えることができる
- ●会話に気持ちよく耳を傾けてもらえる
- ●相手の満足度を高めることができる

2 接遇用語の使い方

代表的な接遇用語には、次のようなものがあります。

通常の言葉	接遇用語
わたし	わたくし
わたしたち	わたくしども
誰	どなた様 どちら様
男の人 女の人	男の方 女の方
○○会社の人	○○会社の方
ありません	ございません
ごめんなさい	申し訳ございません 失礼いたしました
できません	いたしかねます
知りません	存じません
わかりません	わかりかねます

42

通常の言葉	接遇用語
すみませんが	お手数ですが ご面倒ですが 恐れ入りますが
します	いたします
どうでしょうか	いかがでしょうか いかがでございましょうか
わかりました	承知いたしました かしこまりました
そのとおりです	ごもっともでございます
ちょっと待ってください	少々お待ちください
お待ちどおさま	大変お待たせいたしました
いま確認してきます	ただいま確認してまいります
してもらえませんか	していただけませんでしょうか お願いできませんでしょうか
言っておきます	申し伝えます
何の用ですか	どのようなご用件でしょうか
なんとかしてください	ご配慮願えませんでしょうか
行きます	参ります
来てください	おいでください お越しください お運びください

第2章 コミュニケーションの基本マナー

STEP 6 クッション言葉

1 クッション言葉とは

「**クッション言葉**」とは、何かをお願いしたり断ったりするときに、単刀直入に「**～していただけますか**」とか「**わかりかねます**」と言うのではなく、「**お手数ですが**」とか「**申し訳ありませんが**」などと、相手の気持ちに配慮して頭に付ける言葉のことです。言いにくいことや聞きにくいことを表現するときに、相手の印象をやわらかくするという意味で、「**クッション**」という言葉が使われています。ビジネス会話において潤滑油のような役割を果たします。

クッション言葉を使うメリットには、次のようなものがあります。

- ●相手に聞く態勢をとってもらえる
- ●考える「間」を作ることができる
- ●口癖を減らす工夫として活用できる

2 クッション言葉の使い方

代表的なクッション言葉には、次のようなものがあります。

クッション言葉	あとに続く言葉の例
おさしつかえなければ もしよろしければ	日中、連絡がとれる連絡先を教えてください
失礼ですが 失礼とは存じますが	お名前を教えていただけますか
お手数ですが お手数をおかけしますが	必要書類をご返送いただけますか
恐れ入りますが 恐縮ではございますが	もう一度お願いいたします
申し訳ございませんが 残念ながら	その日は満席です
誠に申し上げにくいのですが	そのようなことはできかねます
誠にいたりませんで 私どもの力不足で	このような結果になり、お詫びいたします
お恥ずかしい次第ではございますが 心苦しい次第ですが	発売は延期となりました

実践問題 クッション言葉の練習をしてみましょう。

●クッション言葉を話してみましょう。

①お手数をおかけしますが、よろしくお願いいたします。

②失礼ですが、どちら様でしょうか？

③申し訳ございませんが、10時に変更していただけないでしょうか？

④恐れ入りますが、藤岡様はいらっしゃいますか？

⑤誠に申し上げにくいのですが、そのようなことはいたしかねます。

⑥お恥ずかしい次第ではございますが、開発計画は中止となりました。

●クッション言葉を書いてみましょう。　　　　　　　　　解答 ▶ P.182

Q：今月の19日に予約をお願いしたいのですが、空いていますか？

A：（⑦　　　　　　　　　）、その日は満室です。

Q：そうですか。キャンセル待ちをお願いしたいのですが…。

A：かしこまりました。お客様のお名前をお願いします。

Q：澤田です。

A：（⑧　　　　　　　　　）、もう一度お願いします。

Q：澤田です。

A：澤田様ですね。それでは、キャンセルが出ましたらご連絡いたします。
　　（⑨　　　　　　　　　）、携帯電話の番号を教えていただけますか？

STEP 7 報告・連絡・相談

1 報・連・相とは

ビジネスでは、複数の人が協力し合いながら仕事を進めています。また、会社の方針や、所属部署の目標、上司の指示、お客様の指示などに従って活動しています。したがって、コミュニケーションや業務を円滑に進めるために必要不可欠なのが、**「報告」「連絡」「相談」**の3つです。これらを、頭の文字**「報・連・相」**を取って、一般的に**「ほう・れん・そう」**と呼んでいます。どれか1つが欠けても、仕事はうまくいきません。また、適切なタイミングで行わなければ、問題の発見やお客様への対応が遅れたり、会社の利益に大きな影響を及ぼしたりする可能性があります。早めに、正確に、必要な情報を伝え、関係者間で情報を共有することが大切です。

■報告

上司やお客様などに対して、仕事が終了したことや、仕事の進捗状況などについて説明します。報告を受けることによって、状況に応じて指示を出したり、場合によっては、打ち合わせの設定や関係者に連絡したりするなど、早期の対応が可能になります。

■連絡

会議の日時や社員の動向などの情報を共有し、職場内で意思の疎通を図ります。情報がもれなく行きわたるように配慮しなければなりません。

■相談

自分では解決できない問題に直面したり、迷ったり戸惑ったりするときは、自分で勝手に判断せず、必ず上司などに申し出て指示をあおぎます。特に経験が少ないうちは、素直に経験豊富な人のアドバイスに耳を傾ける姿勢が大切です。

2 報告・連絡・相談の方法

報告、連絡、相談は、「口頭」もしくは「文書」で行います。伝えるべき内容をあいまいに把握している状態では、説明自体が不正確なものになり、意味がありません。

報告、連絡、相談をする際には、次のような点を心掛けましょう。

● できるだけ早く情報を伝達する
● 上司から催促される前に積極的に報告、連絡、相談をする
● 重要度や緊急度を考えて、最適な伝達手段を選ぶ
● 事実と自分の意見を混同せず、事実をありのままに正確に伝える
● 内容を整理して相手にわかりやすく説明する
● 必要に応じて参考になりそうな資料などを準備する
● 結論を先に伝え、そのあとで詳細を説明する

■報告の方法

指示された仕事が完了したら、速やかに報告を行います。報告すべき相手は、指示を出した人です。

仕事が完了していなくても、予期せぬ事故や問題が発生した場合は、いち早く報告して指示をあおぎ、事態が悪化することを防ぎます。悪い報告は言いにくくても、報告のタイミングを遅らせてはいけません。現時点では問題が発生していなくても、問題発生のリスクが大きいと考えられる場合には、現状の報告を行うことで最悪の事態を未然に防ぐことができます。

また、長期間にわたるような仕事の場合は、順調に進んでいても、途中経過を定期的に報告するようにします。

<例>
「伊藤部長、新パッケージの件でご報告があるのですが、少しお時間よろしいでしょうか。」

「今日の制作会議でデザインが決定しました。ですが、意見調整が難航したため、当初の予定より2日ほどスケジュールが遅れています。今後の作業を急ピッチで進めれば納期は厳守できそうです。」

報告を口頭で行うべきか文書で行うべきかは、ケースバイケースで判断しましょう。口頭での報告と文書での報告の両方を必要とするケースもあります。

◆口頭での報告

緊急度が高く、すぐに適切な指示をあおいだ方がよいと判断される場合は、口頭で報告を行います。ただし、口頭だけでの報告は文書を見ながら話を進めることができないため、きちんと内容を整理して報告しないと相手が混乱してしまう可能性もあります。報告すべきことについて、あらかじめ頭の中で整理し、必要に応じてメモなどを用意してから話をするようにしましょう。

> ＜例＞
> ●組織内のコミュニケーションがうまくいっていない
> ●部品の手配が間に合わず、納期に遅れが出そうである
> ●得意先からクレームを受けた
> ●操作ミスをして他部署に迷惑をかけた

◆文書での報告

文書での報告は、記録に残すことができるため、関係者間で情報を共有したり、参考文書として閲覧したりすることが可能になります。また、集計結果や図表などを交えた詳細な報告が行えるメリットもあります。

> ＜例＞
> ●定期的な報告
> 日報、月報、年報、営業活動報告書、監査報告書など
> ●必要に応じて発生する報告
> 出張報告書、調査報告書、イベント実施報告書など
> ●問題に関する報告
> 事故報告書、クレーム処理報告書など

■連絡の方法

連絡は、伝えるべき相手が複数人であることが多いのも特徴です。したがって、情報がもれなく正確に行きわたるように配慮しなければなりません。口頭などで、複数人に対して一度に情報を伝えることができれば問題ありませんが、回覧のように人から人へと伝えられていくような場合には、情報が途中でゆがめられないように注意しなければなりません。個人的な意見や推測を加えることなく、伝えられたことをそのまま正確に伝えることが大切です。

また、不在者への伝達も徹底するようにします。組織の枠を超えて共有すべき情報は、メールなどを活用するとよいでしょう。

> <例>
> 「森田課長、お忙しいところ申し訳ありません。商品企画会議の日程の件でご連絡があるのですが、今よろしいでしょうか。」
>
> 「6月30日月曜日の13時から15時までの予定で行うことになりました。場所は第一会議室です。森田課長にもぜひご参加いただきたいのですが、ご都合はいかがでしょうか。」

■相談の方法

仕事を進めるうえで、自分勝手な判断は禁物です。少しでも迷ったり、悩んだりした場合には、経験のある上司などに相談するようにします。相談する際には、あらかじめ問題点を整理し、要点を簡潔に伝えます。自分で考えずに他人任せにするのではなく、「～と思うのですが、いかがでしょうか」などと、自分の意見を述べることも大切です。また、相談に乗ってもらった相手には感謝の意を表し、結果を必ず報告します。

> <例>
> 「管理データベース構築の件でご相談したいことがあるのですが、ご都合のよいときに少しお時間をいただけないでしょうか。」
>
> 「お客様から納期を当初の予定より5日縮めて欲しいとの要望がありました。スケジュールを調整してみたのですが、どうがんばっても2日しか縮められそうもありません。要員をあと2名増やしていただければ対応できそうなのですが、難しいでしょうか。」

POINT ▶▶▶

要点の整理

口頭での報告や連絡、相談は、忙しい相手に時間を割いてもらうことになるため、「5W2H」を意識して要点を絞り込み、短時間で済ませるようにします。相手が理解しやすいように、あらかじめ話の流れを考えておきましょう。また、話の内容によっては、「Whom（誰に）」を加えて「6W2H」として考えることもあります。「5W2H」や「6W2H」は、相手の話の要点を整理するときにも役立ちます。

- When（いつ） → 日時
- Where（どこで） → 場所
- Who（誰が） → 名前
- What（何を） → 用件
- Why（なぜ） → 理由・目的
- How（どのように） → 手段
- How much（いくらで） → 値段・経費

3 シーン別・報告の仕方

様々なシーンに応じた報告の仕方について確認しましょう。

■計画どおりに仕事が進まないとき

人手不足、ミスの多発、コミュニケーションの欠如など、仕事が遅れる原因にはいろいろあります。まずは、なぜ計画どおりに進まないのかを自分なりに分析し、解決策を考えたうえで、上司や先輩に現状を正確に報告し、指示をあおぎます。

■指示された方法では限界があるとき

上司や先輩に指示された方法で実行してみても、仕事が効率よく進まなかったり、事態が改善されなかったりすることもあります。その場合には、自分で勝手に判断してやり方を変えるのではなく、必ず事実を報告します。報告する前に、指示された方法のどこに問題点があるのか、違う方法があるとしたらどのような方法があるかを自分なりに考え、上司や先輩への報告の際に提案するようにしましょう。

■緊急事態が発生したとき

今すぐできることがあれば実行し、最悪の事態を回避することを優先します。ただし、何をすればよいのか迷うような場合には、しかるべき相手に一刻も早く報告、相談しなければなりません。報告や相談の相手には、事態を速やかに解決へと導くことのできる経験者を選びます。また、緊急事態が発生してから慌てることのないよう、報告すべき相手や手段などは、事前に決めておくようにしましょう。

■複数の指示が重なったとき

1つの仕事に対する指示が重なったり、複数の仕事の指示が重なったりすることがあります。もちろん、仕事の重要度や緊急度から優先順位を判断し、指示された期日までに完了できるようなら問題ありません。しかし、どれも重要で緊急度の高い仕事である場合は迷ってしまうでしょう。このような場合には、仕事に取りかかる前に優先すべき仕事と順序を決め、指示を出した人それぞれに確認し、了解を得るようにします。また、現在進めている仕事を一時的に中断せざるを得ない場合も、必要に応じて仕事の指示を出した人にその旨を報告します。

実践問題 報告・連絡・相談の練習をしてみましょう。 解答 ▶ P.182

●次のキーワードを使って、伊藤部長に仕事の進捗状況を報告してみましょう。

①

- ●新パッケージの件
- ●本日の制作会議でデザインが決まった
- ●スケジュールが2日遅れている
- ●今週末、出勤すれば納期に間に合いそうである

●次のキーワードを使って、伊藤部長に仕事が完了したことを報告してみましょう。

②

- ●新パッケージの件
- ●本日、完成した
- ●これから報告書を作成する

●次のキーワードを使って、森田課長に会議の日時を連絡してみましょう。

③

- ●商品企画会議
- ●6月30日（月）
- ●13：00～15：00
- ●第一会議室で行う

●次のキーワードを使って、リーダーの渡辺さんにお客様の要望について相談してみましょう。

④

- ●管理データベース構築の件
- ●納期を5日縮めて欲しいと要望あり
- ●スケジュールを調整したが、2日しか縮められない
- ●要員を補充してもらえないか？

第2章 コミュニケーションの基本マナー

51

STEP 8 会議

1 会議の進め方

会議は、目的、参加者、規模、議題、開催方法も様々ですが、複数の人が一堂に会して、意見を交換したり、重要な事柄を決定したりする場であることに変わりはありません。各自が時間を割いて集合するわけですから、予定された時間内で効率よく議論を進め、有意義な結果を生み出せるように参加者全員が協力する必要があります。

会議を実施する意義は、次のとおりです。

- ●様々な視点で検討を重ね、よりよい結論を導き出すことができる
- ●より多くの人たちの意見を取り入れることができる
- ●一度に合意を得ることができる
- ●協力体制を築き、仕事をスムーズに進めることができる

■会議開催の準備

会議を開催するときは、参加者の予定を調整したり、参加者の人数に合わせた適切な場所を確保したり、決定した日程や場所を連絡したりする必要があります。当日になって慌てることのないように準備を進めます。また、当日は早めに会場に入り、時間どおりに会議を開始できるように準備を整えます。
会議をセッティングする際には、次のような点を確認します。

- 会議の日程や場所は参加者全員に徹底できたか
- 参加者全員を十分に収容できるスペースか
- 会議室の机は自由に配置を変えられるか
- ホワイトボードやプロジェクター、スクリーン、パソコンなどの手配は必要か
- 資料を配布する場合は、参加者の人数分用意できているか
- お茶などの用意はどうするか

■会議の流れ

会議は、次のような流れで進行します。

1 導入
- 出席者を確認し、初めて顔を合わせる人がいる場合は紹介を行う
- 会議の目的や議題、進行について説明する

2 展開
- 発表者が事実や意見を発表する
- 議題についての情報を全員で共有する
- 質疑応答などを通して疑問点をなくしておく

3 集約
- 全員が参加して積極的な意見交換を行い、合意できそうなポイントを探る

4 結論
- 結論を導き出し、参加者全員の了解を得る
- 決定した内容についての今後の展開や具体的な実施計画を検討する
- 必要であれば、次回の会議の開催予定を決める

2　会議への参加

会議に参加するときには、次のような点を心掛けましょう。

■会議への参加準備

会議に参加する人は、事前に会議の議題や目的について理解し、自分の意見を持って臨むことが大切です。発表者は、参加者からの質問を想定し、回答を準備しておくとよいでしょう。また、会議へは、筆記用具、事前に配布された資料や下調べに使用した参考資料、スケジュール帳やメモ帳などを持参して参加します。初めて参加する会議や、発言のチャンスが少ないような会議でも、会議に参加する以上、自分にもなんらかの役割が与えられていると考えましょう。

■会議中のマナー

会議では、進行の妨げになるような行動は慎みます。会議で発言するときは、司会者の許可を得てからにします。また、発言はできるだけわかりやすく簡潔にまとめます。反対意見は単なる批判で終わらないよう、反対する理由や代替案などを述べるようにします。

会議に参加するときは、次のような点に注意しましょう。

- ●開始時間の5分前には着席する
- ●携帯電話の電源は切るかマナーモードにしておく
- ●会議に関係のない仕事を持ち込まない
- ●発言者の意見にしっかり耳を傾け、自分なりの意見や考えを整理する
- ●重要なポイントや決定事項などはメモを取る
- ●司会者が会議を進行しやすいように協力する

事例で考えるビジネスマナー

会議中の伝言の伝え方

部長と約束されているお客様がいらっしゃいました。しかし、部長は別のお客様との会議が長引いており、約束の時間が過ぎたにもかかわらず戻ってきません。そこでCさんは、次のお客様をお待たせしていることを部長に伝えるため、急いで会議室へ行きました。会議はまだ続いていましたが、静かに入室して部長のもとに歩み寄り、小声で「〇〇株式会社の〇〇様がお見えです。応接室でお待ちいただいています。」と伝えました。

■この事例について、次の項目を考えてみましょう。　　解説 ▶ P.188

	チェック項目	YES	NO
❶	会議中に入室したのは正しかったですか	☐	☐
❷	伝言の伝え方は正しかったですか	☐	☐

3 議事録の作成

議事録の作成は、参加者全員の合意を得た事実を文書として残すとともに、結論が導き出されるまでの過程を明らかにする意味でも重要です。

記録係に任命されたら、参加者の発言のメモを取り、必要に応じて録音するなどして、議事録の作成に備えます。議事録は客観的な立場で事実を正確に記載し、会議終了後、文書の回覧やメールなどで速やかに関係者に配布します。議事録の基本的な形式は、次のとおりです。

```
                                              ○年○月○日

                      ○○○○○会議　議事録

開催日時 ：□□□□□□□□□□
開催場所 ：□□□□□□□□□
出席者   ：□□□□□□□□□□□□□□□□□□□□□□
          □□□□□□□□　　　以上○名
          （司会進行：○○部○○、記録：○○部○○）

議題     ：□□□□□□□□□□□□□□□□□□□□□□
❶ 議事   ：(1)□□□□□□□□□□□□□□□□□□□
            (2)□□□□□□□□□□□□□□□□□□□
            (3)□□□□□□□□□□□□□□□□□□□
❷ 決定事項：(1)□□□□□□□□□□□□□□□□□□
            □□□□□□□□□□□□□□□□□□□□
            (2)□□□□□□□□□□□□□□□□□□
                        ⋮
❸ 次回開催予定：
          日時：□□□□□□□□□□
          場所：□□□□□□□□□
          議題：□□□□□□□□□□□□□□□□

                                              以上

                          記録者：○○部　　○○
                          内　線：XXXX-XXXX
                          E-Mail：○○○@xx.xx
```

❶**議事**　　　　議題について具体的に検討されたことを箇条書きにする。

❷**決定事項**　　発言者の発言内容など、決定に至った経緯も明らかにする。

❸**次回開催予定**　次回の会議が決定していれば記載しておく。

STEP 9 トラブル対応

1 社内でのトラブル

ビジネスには多くの人が関わっています。社内であるか社外であるかに関係なく、異なる性格や、考え方、能力を持った人が共存していくときには、様々なトラブルが発生します。適切に対処できれば大きな問題にならずに済みますが、うまくコミュニケーションを取れないようだと、せっかく築いた人間関係を悪化させることにもなりかねません。

ビジネスシーンではどのようなトラブルが起こり得るのかを知り、トラブルを未然に防いだり、解決したりするための心構えをしておけば、いざというときに慌てることなく、冷静に対処することができます。

社内でのトラブルには、次のようなものがあります。

■仕事上のミス

どんな小さなミスであっても必ず報告します。特に、まだ仕事に慣れていないようなときには、自分のしたミスの影響範囲がわからないことも多いものです。自分の不注意や間違いを素直に認め、迷惑をかけた相手に対しては誠実な態度でお詫びをします。同時に、原因を明らかにし、一度したミスは二度と繰り返さないように注意します。

■叱責

叱るという行為には、期待が込められています。気づきのチャンスでもあると考え、相手の言葉に素直に耳を傾け、次に生かす努力をしましょう。自分に非がないのに叱られた場合でも、感情的にならずにまず相手の話を聞き、それから事情を説明して理解を得るようにします。

■いじめ

どんな理由であれ他人をいじめるのはもってのほかです。いじめがエスカレートしていくようなら、上司に相談しましょう。

■セクハラ

セクハラは、セクシュアルハラスメント（性的な嫌がらせ）の略です。性的な発言をはじめ、わいせつな写真を飾る、異性の体に触る、露出度の高い服を着るといった行為がセクハラにあたります。

どこからがセクハラかという線引きが難しく、同じ言葉や行動でも人によって受け取り方が異なるため、いつでも被害者にも加害者にもなり得るということを認識しておかなければなりません。

セクハラを受けたら、黙って我慢せずに不快な気持ちを直接伝えます。それでも続くようであれば、上司や社内の相談窓口などに相談し、早めに解決の糸口を見つけるようにします。

■パワハラ

パワハラは、パワーハラスメント（地位を利用した嫌がらせ）の略です。上司が人事権や査定権をちらつかせて、部下に不当な条件を提示するといった行為です。セクハラと同様に、精神的苦痛が続けば心の病にまで発展しかねません。自分だけで処理しようとせず、早めに適切な相手に相談することが大切です。

2 社外でのトラブル

社外でのトラブルは、お客様や取引先とのトラブルが中心となります。対応を1つ間違えれば、会社に大きな損失を与えることになりかねません。トラブルが発生した場合には、STEP7で学んだ**「報告・連絡・相談」**が不可欠です。適切なコミュニケーションによって、解決へと導くことができます。

社外でのトラブルには、次のようなものがあります。

■約束の時間に遅れる

お客様を訪問する際は、早めの到着を心掛けることが大切ですが、前の仕事が延びたり、交通機関の事故が原因で遅れたりなど、約束の時間に間に合わなくなることもあります。

遅れることが明らかになった時点で連絡を入れ、まずお詫びの言葉を述べてから、現在の状況や到着予定時刻を伝えます。到着後には、**「お待たせして申し訳ありませんでした」**と、改めてお詫びの気持ちを伝えます。

■納品が間に合わない

指示された期日までに納品できるかどうかは、事前にわかるはずです。したがって、納品が遅れることが明らかになった時点で、上司はもちろん、お客様にも正直に状況を報告します。

言いづらいからといって報告を後回しにしてしまうと、契約解除など、取り返しのつかないことになる場合があります。決して、自分の力だけで解決しようと思わないことです。原因を究明すると同時に、周囲の力を借りながら、代替策があるかどうかを早急に検討します。また、後日、上司とともにお客様を訪問し、改めて謝罪することも必要でしょう。何よりも、お客様を第一に考える姿勢が大切です。

■クレームが発生する

「**クレーム**」とは、苦情のことです。お客様は、改善や期待をしているからこそクレームを言ってきます。つまり、クレームには「**お客様が問題にしている点**」と「**お客様が解決して欲しいと願っている点**」が必ず含まれているのです。問題を的確にとらえ、熱意と誠意を持って適切な対応ができればクレームを解決することができます。

また、どんな小さなクレームでも上司へ報告します。自分だけで解決できない場合は、上司に相談しましょう。さらに関係者間で情報を共有すれば、同じようなクレームの再発を防ぐこともできます。

クレーム対応を行う際には、次のような点を心掛けましょう。

- ●まずは謝罪の言葉を述べ、決して反論はしない
- ●最後まで相手の話に耳を傾ける
- ●解決に向けた処理は迅速に行う
- ●熱意と誠意を持って対応する
- ●クレームは人格や人間性の否定ではない

! **POINT ▶▶▶**

お客様が怒り出す背景

- ●「お客様」として扱われていないと感じたとき
- ●自分の気持ちに共感してもらえないとき
- ●自分の言い分を聞いてもらえないとき
- ●自分の言いたいことがわかってもらえないとき
- ●誠意のない対応をされたと感じたとき

Exercise 確認問題

解答 ▶ P.182

第2章 コミュニケーションの基本マナー

次の文章を読んで、正しいものには〇、正しくないものには×を付けましょう。

1. 話すときは、相手の顔をじっと見るのではなく、ときどき視線を合わせるようにする。

2. 相手が同年代の場合は、なれなれしい言葉や流行語を使ってかまわない。

3. 部長が呼んでいることを課長に伝えるときは、「課長、部長がお呼びです」と言う。

4. 何かをお願いしたり断ったりするときは、相手の気持ちを配慮した「クッション言葉」を使うとよい。

5. 歯切れのよい口調にするためには、「い」と「う」を意識してはっきりと発音する。

6. 報告を口頭で行った場合は、文書で改めて報告を行う必要はない。

7. 連絡は、できるだけ上司に行ってもらうのが望ましい。

8. 迷うことなく自分の力で解決できる問題であれば、相談する必要はない。

9. 会議で発言するときは、司会者の了解を得てからにする。

10. クレームの内容が不当だと判断されるときは、相手が納得するまで説明し、最後まで謝罪する必要はない。

Chapter

■第3章■
訪問時・来客時の基本マナー

お客様の会社への訪問時や来客時のマナーについて説明します。

STEP1　初めて会う人へのマナー　………………………　61
STEP2　来客の応対　……………………………………　66
STEP3　他社訪問　………………………………………　70
STEP4　応接室でのマナー　……………………………　75
STEP5　出張時のマナー　………………………………　82
確認問題　…………………………………………………　83

STEP 1　初めて会う人へのマナー

1　名刺交換

自分を知ってもらうための第一ステップとなるのが「**名刺交換**」です。初めて会った人とのやり取りは、まず名刺交換から始まります。名刺交換がスムーズに行われないと、印象がよくありません。自信を持ってスマートに行うためにも、名刺交換のマナーを身に付けておくことが大切です。
具体的には、次のような点を心掛けます。

- 名刺を切らさないようにする
- 名刺入れには、常に多めにストックしておく
- 他社を訪問するときなどは、名刺を忘れないようにする
- 人と会うときは、すぐに取り出せるような場所に準備しておく
- 名刺はビジネスマンの顔であると考え、自分の名刺も相手の名刺も大切に扱う

■名刺交換の流れ

名刺交換は、次のような手順で行います。

1　名刺交換の準備をする

- 相手の正面に立つ
- 名刺入れから名刺を出して準備する

2　名刺を差し出す

- 相手の顔を見て、会社名、部署名、名前を名乗りながら、自分の胸の前から相手の胸のあたりに差し出す
- 相手が読める向きにした名刺を右手で持ち、左手を添える
- 名刺を切らしてしまったときはお詫びを述べる
  〈例〉「申し訳ございません、ただいま名刺を切らしております。」

3　名刺を受け取る

- 名刺を両手で受け取り、「ちょうだいします」と言葉を添える（ただし同時に交換する場合は、名刺入れを「受け皿」として相手の名刺を乗せて受け取り、すぐにもう一方の手を添える）
- 名前の読み方がわからないときや、一度で聞き取れなかったときは復唱する
  〈例〉「失礼ですが、○○様とお読みすればよろしいですか？」

4 名刺をしまう

- 名刺交換のあと、すぐに会議に入る場合は、相手の顔と名前を覚え、相手に敬意を払う意味でも、名刺はテーブルの上に置いておく（座っている順に対応させて名刺を並べる）
- タイミングを見計らって名刺入れにしまい、置き忘れないようにする（ポケットや手帳の間などにしまわない）
- 相手と別れてから、面会した日や用件、相手の特徴などを名刺の余白や裏にメモしておく（相手の前では書かない）

タイミングを見計らって名刺入れにしまう

■名刺交換の順番

上司やお客様など、年齢や立場の違う人が複数同席しているような場面では、どのような順番で名刺を交換すべきか迷ってしまいがちです。名刺を差し出す順番と名刺交換の順番を覚えておきましょう。

シーン	順番
名刺を差し出すとき	立場や地位が下の人、または年下の人から先に差し出す。ただし、他社を訪問した場合は、立場や年齢に関係なく、訪問した側が先に出す。
相手が複数いるとき	立場や地位が上の人、または年上の人から先に名刺交換を行う。すべての人の名刺交換が終わるまで、立って待つ。
上司が同席しているとき	上司から先に名刺交換を行い、あとに続くようにする。自分のほうが相手の近くにいた場合でも、上司に譲る。

 動画で確認！

 POINT ▶▶▶

渡すタイミングがなかったとき

会議が始まってから遅れて入室してきた人がいた場合は、会議を中断してまで名刺交換を行う必要はありません。話が一区切りついたところで、「ごあいさつが遅くなりまして申し訳ございません」と、お詫びの言葉を添えて名刺交換をします。

■名刺の管理

名刺に書かれている情報は個人情報です。受け取った名刺は責任を持って管理します。不要になったからといって、安易にゴミ箱などに捨ててはいけません。また、相手と連絡を取る際に必要となるため、すぐに探し出せるように整理して保管しておくことが大切です。50音順、会社別、業種別、進行中の仕事別など、自分の仕事が進めやすいように分類して管理するとよいでしょう。データ化しておくのも便利ですが、外部に個人情報が漏れることのないように、保存する場所や管理方法にも十分に注意します。

🚹 事例で考えるビジネスマナー

名刺交換の仕方

新人のDさんは、部長に同行してお客様の会社に行きました。相手は課長と担当者です。初めて会うため、名刺交換をすることになりました。Dさんは部長より先に相手の課長のところに行き、自分から先に名刺を差し出しました。次に、相手の担当者のところに行き、担当者より先に名刺を差し出しました。無事に終わったのでホッとして先に着席し、部長の名刺交換が終わるまで待っていました。

■この事例について、次の項目を考えてみましょう。　　解説 ▶ P.188

	チェック項目	YES	NO
❶	名刺交換をする順番は正しかったですか	☑	☑
❷	名刺を差し出す順番は正しかったですか	☑	☑
❸	部長の名刺交換が終わるのを着席して待っていたのは、正しかったですか	☑	☑

実践問題 名刺交換の練習をしてみましょう。

●取引先の部長と初めて会ったことを想定して、名刺交換をしてみましょう。

●練習した名刺交換について、次の項目を確認しましょう。

1	相手の目の前に立って行いましたか	☑
2	名刺が汚れたり折れたりしていないことを確認しましたか	☑
3	先に名刺を差し出しましたか	☑
4	相手の読める向きに差し出しましたか	☑
5	相手の顔を見ましたか	☑
6	会社名、部署名、名前を名乗りましたか	☑
7	相手の名刺を両手で受け取りましたか	☑
8	名前を確認しましたか(覚えましたか)	☑

2 紹介の仕方

ビジネスでは、お客様に上司を紹介したり、新しい担当者を紹介したり、自分以外の人を相手に紹介する機会がたくさんあります。相手にとって面識のない人を紹介するときは、紹介したい人の会社名や役職、名前などを簡潔に伝えます。紹介者としての心構えは、次のとおりです。

- 紹介したい人がいることを事前に告げて同席者の許可を得る
- 紹介する理由を明らかにする
- 紹介したい人の人となりや仕事ぶりなどを軽く紹介する
- 紹介したい人のプライベートにまでは触れない
- 初めて会った人同士を残して席を立たないようにする

また、名刺交換と同様に、人を紹介する場合にも守るべき順序があります。具体的には、次のような点を考慮しましょう。

■立場や地位に差がある場合

お客様に上司や同僚を引き合わせる場合は、先に立場や地位が下の人を上の人に紹介します。

> <例> お客様に対して：「こちらが私どもの部長の〇〇でございます。」

■年齢に差がある場合

同僚に新入社員を紹介したり、知人に同僚を紹介したりするような場合は、先に年齢の若い人を年上の人に紹介します。ただし、紹介を受ける人がお客様である場合は、年齢より立場や地位の差を優先します。

> <例> 同僚に対して：「うちの部署に入った新人の〇〇さんです。」

■紹介したい人が2人以上いる場合

紹介したい人が複数いる場合、お客様に部長を紹介し、続いて課長を紹介するといったように、立場や地位が上の人、または年上の人を先に紹介します。

> <例> お客様に対して：「ご紹介いたします。こちらが私どもの部長の〇〇でございます。こちらが課長の〇〇でございます。」

■立場や年齢に差がない場合

紹介したい人と紹介を受ける人の立場や年齢にほとんど差がない場合は、自分との関係がより密接である人を先に紹介します。

> <例> 新規の取引先Aに対して：「こちらが、B社の〇〇様でいらっしゃいます。〇〇様とは、かれこれ10年ほどのお付き合いになります。」
> 従来からの取引先Bに対して：「こちらがA社の〇〇様でいらっしゃいます。」

STEP 2 来客の応対

1 接客の流れ

応対した人が接客のマナーを心得ていないと、お客様に悪い印象を与えてしまい、その会社のイメージや評価を下げることになりかねません。組織の一人一人が会社の顔であるという自覚を持ち、来客に対して失礼のない応対を心掛けましょう。
会社に来訪されるお客様への応対の流れは、次のとおりです。

1 受付で対応する

- 会釈をし、笑顔であいさつをする
  <例>「いらっしゃいませ。」「いつもお世話になっております。」
- 親切・丁寧・迅速に対応する
- 用件を確認する（相手の会社名や名前、アポイントメントの有無、来訪の目的など）

2 案内する

- 担当者に連絡し、どこにご案内すればよいかを確認する（担当者が直接案内する場合は、受付でお待ちいただく）
- 行き先を正確に伝える（行き先がわかりにくいようなら、お客様を誘導する）

3 お茶を出す

- 打ち合わせに参加する人数を確認してからお茶を出す
- 担当者が来るまでに時間がかかる場合は、先に伝えておく

4 見送る

- 用件が済んだお客様をエレベーターや玄関まで見送る
- 笑顔であいさつをし、おじぎをする
  <例>「ありがとうございました。」「失礼いたします。」

> **POINT ▶▶▶**
> **面識のない来客にも気を配る**
> 会社の受付は、社内外を問わず、多くの人が往来する場所です。面識があるかないかにかかわらず、社外の人を見かけたらあいさつをし、「どのようなご用件でしょうか」と進んで声をかけるようにしましょう。受付専用の電話が置いてある場合でも、「ご用件は承っておりますでしょうか」と一言声をかけると、お客様にとても親切な印象を与えます。

2 案内の仕方

来訪されたお客様を応接室などに案内するときは、次のような点に注意しましょう。

■通路

お客様の左手前方2～3歩先を、相手のペースに合わせるようにしてゆっくり歩きます。すでに面識のあるお客様なら、天候や近況など、差し障りのない話をしながら歩くと、雰囲気がなごみます。

■エレベーター

先に乗って「開」ボタンを押して待ち、お客様が乗り込んだことを確認してから「閉」ボタンを押します。目的の階に到着したら「開」ボタンを押して、お客様が先に降りるのを待ち、続いて自分が降ります。

> **! POINT ▶▶▶**
> **エレベーター内での立ち位置**
> エレベーター内では操作ボタンの近くが下座で、エレベーターの奥が上座になります。お客様をエレベーターの奥へと誘導し、お客様に背中を向けないように体をやや斜めに向けて、操作ボタンの前に立ちます。

> **! POINT ▶▶▶**
> **共用スペースでの注意点**
> 通路、エレベーター、化粧室などの共用スペースでは私語を慎みます。特に仕事の話をしていると情報が漏れるだけでなく、会社の情報管理に対する意識を疑われてしまいます。また、書類は封筒に入れるなど、内容が見えないように工夫しましょう。

■ドア

応接室にお客様を通すときのマナーもあります。ドアが閉まっていたら、中に人がいる可能性もあるので、必ずノックをしてから開けるようにします。ビジネスシーンでは、ノックは3回するのが一般的です。中に人がいないことを確認してから、お客様を案内します。その際、お客様にできるだけ背中を向けないようにするのがポイントです。

◆手前開きのドア
左に開くドアの場合は、左手でドアノブを引き、ドアの左側に立って案内します。右に開くドアの場合は、左右が逆になります。

◆押し開きのドア
ドアを開け、自分が先に中に入り、お客様を招き入れて案内します。

3 見送りの仕方

用件が終了したら、お客様をエレベーターか玄関まで見送ります。
自社ビルであれば、玄関まで見送るのが一番丁寧ですが、オフィスが高層ビルの最上階にあったり、玄関までの距離が遠かったりする場合は、エレベーターの前まで見送り、**「申し訳ありませんが、こちらで失礼いたします」** とお詫びの気持ちを伝えます。また、お客様に **「こちらで結構ですよ」** と言われた場合には、無理に玄関まで見送る必要はありません。
どこまで見送るにしても、心をこめて **「本日はありがとうございました」** と感謝の言葉を述べておじぎをし、お客様の姿が見えなくなるまで見送ります。

> **POINT ▶▶▶**
> ### 来客後の片付け
> 清潔で、きれいに片付けられた部屋に案内されれば、誰でも気持ちがよいものです。お客様が帰られたあとは、次の来客があったときに備えて、使用した部屋やフロアを速やかに片付けましょう。

事例で考えるビジネスマナー

案内の仕方

Eさんが、会社の受付近くを通りかかったところ、面識のあるお客様に出会いました。Eさんは「お世話になっております」と丁寧にあいさつをし、自分との約束でないことがわかっていたため、そのままその場を去りました。
次に、Fさんが会社の受付近くを通りかかりました。Fさんにとっては面識のないお客様でしたが、Fさんは「どのようなご用件でしょうか」と声をかけました。お客様の名前、来訪の目的、アポイントメントの有無などを確認し、担当者に連絡をしたところ、「応接室にご案内しておいて欲しい」と言われたため、お客様に応接室の場所を教えて自分の仕事に戻りました。

■この事例について、次の項目を考えてみましょう。　　解説 ▶ P.189

	チェック項目	YES	NO
❶	Eさんがその場を立ち去ったのは正しかったですか	☑	☑
❷	Fさんが声をかけたのは正しかったですか	☑	☑
❸	Fさんが応接室の場所を教えて仕事に戻ったのは、正しかったですか	☑	☑

第3章 訪問時・来客時の基本マナー

STEP 3 他社訪問

1 他社訪問の流れ

他社を訪問する場合は、基本的に自分以外はすべて社外の人です。自分は来客だからと、偉そうにしてはいけません。相手の会社にお邪魔し、担当者に会わせていただくのだという意識を持ちましょう。

他社を訪問するときの流れは、次のとおりです。

1 到着する

- 約束の時間には遅れない
- 遅れそうなときには、必ず先方に連絡を入れる
- コートを着用している場合には玄関前で脱いで、身だしなみを整える
- 携帯電話の電源は切っておくかマナーモードにしておき、音が鳴らないように配慮する

2 受付で取り次ぎを依頼する

- 明るく礼儀正しく振舞う
- あいさつをし、会社名と名前、訪問相手、用件、アポイントメントの有無を告げ、取り次ぎを依頼する
  <例>「お世話になっております。わたくし、〇〇会社の〇〇と申します。本日〇時より、〇〇部の〇〇様と打ち合わせのお約束をしております。」
- 取り次いでくれた人にはお礼を言う

3 案内してもらう

- 周囲をキョロキョロ見まわしたり、ウロウロしたりしない
- 応接室に案内されたら、「失礼いたします」と言って入室し、入口近くに立って待つ（席をすすめられたら、指示された席に座る）
- 相手が部屋に入って来たら、立ち上がってあいさつをする
- 初めて会う人であれば名刺交換をする

4 退室する

- 用件が終了したら、感謝の気持ちをこめてあいさつをする
- 部屋を出るときに再度退室のおじぎをする
- 忘れ物がないように気を付ける
- 退室後も訪問先を出るまでは気を緩めないようにする

2 訪問前の準備

他社を訪問するときは、基本的にアポイントメント（面会の約束）を取って訪問します。約束した時間に、約束した相手と会い、限られた時間の中で目的を達成しなければなりません。そのためには、事前にしっかりと準備をしてから訪問する必要があります。相手に貴重な時間を割いていただくことを、忘れないようにしましょう。訪問前の準備には、次のようなものがあります。

■アポイントメント

基本的に、アポイントメントなしに突然他社を訪問することは避けましょう。相手が忙しかったり、不在だったりすれば、結局目的を達成できずに終わってしまうことになりかねません。交通費や人件費など、無駄なコストが発生することにもなります。アポイントメントを取るときは、相手の都合を優先するようにします。相手の都合を聞き、そこに自分の都合を合わせるようにするのが原則です。
具体的には、次のような点を考慮しましょう。

- ●面会したい相手を決め、アポイントメントを取る（同時に複数の人と面会したい場合は、誰にアポイントメントを取るべきかを決める）
- ●最初に訪問の目的（用件）を告げる
- ●相手の都合を聞き、訪問する日時、面会する場所を決める
- ●おおよその所要時間を伝える
- ●誰が訪問するかを伝える（人数がわかると、相手が会議室や応接室を予約するときの参考になる）

<例>
担当者：新規プロジェクトの件でお伺いしたいのですが、来週のご都合はいかがでしょうか。
お客様：来週の前半は忙しいのですが、後半なら大丈夫です。
担当者：それでは10月28日木曜日はいかがでしょうか？
お客様：大丈夫です。できれば午後がいいですね。
担当者：それでは午後2時でいかがでしょうか？
お客様：わかりました。
担当者：それでは10月28日木曜日の午後2時に、部長と2人でお伺いします。1階の受付にお伺いすればよろしいですか？
お客様：はい。では、お待ちしております。

> ## POINT ▶ ▶ ▶
> ### アポイントメントの変更
> 相手に急用ができてキャンセルになる場合もありますが、気を付けたいのは、自分の都合で訪問できなくなったり、訪問時間を変更したりしなければならないケースです。できるだけ直前の変更は避けたいものです。それでもやむを得ない場合は、速やかに連絡を入れてお詫びをし、改めて訪問の日時を調整します。一度変更になったアポイントメントは最優先させ、先方の都合を何度も調整させることのないようにしましょう。

■下調べや資料の作成

訪問の目的に合わせて、必要な情報を入手したり、資料を作成したりします。初めて訪問する場合には、相手の会社についての情報収集も欠かせません。また、当日になって慌てないように、訪問先の場所を地図などで確認し、最も効率的なルートや交通手段などを調べておきます。

■訪問前の連絡

アポイントメントを取ってから、かなり日数が経過している場合には、相手が忘れている可能性もあります。約束の前日や当日の朝に電話を入れ、先方のスケジュールに変更がないか、訪問前に再度確認するとよいでしょう。メールで確認する方法もありますが、電話のほうがより確実です。

3 訪問当日の心構え

会社を出る前には、訪問先の地図、名刺、筆記用具、資料などの忘れ物がないか、訪問の目的に合った服装や身だしなみをしているかをチェックします。
準備が整ったら、上司や周囲の人に、訪問先と帰社予定時刻を伝え、5分前に到着できるように早めに会社を出発しましょう。同行する人がいる場合は、早めに出発時間を伝えておくようにします。
また、訪問先では、携帯電話の電源を切っておくかマナーモードにして、音が鳴らないように配慮します。緊急時など、やむを得ない場合は「**失礼いたします**」と一言断ってから、部屋の隅のほうに移動するか外に出るかして話すようにしましょう。

4 訪問後の対応

訪問先から戻ったら、「**ただいま戻りました**」と周囲の人にあいさつをします。訪問の内容や成果について上司に口頭で報告し、必要に応じて報告書を作成して提出します。

訪問先に対しても、商談が成立したり、無理をお願いしたりした場合には、電話やメールなどで改めてお礼の気持ちを伝えておきましょう。

POINT ▶▶▶

直行・直帰

アポイントメントの時間が、会社の始業時間より早い時間帯であったり、終業時間後の遅い時間帯であったりする場合には、会社に立ち寄らずに直接訪問先を訪れたり、訪問先から帰宅の途に着くことも可能です。直行または直帰したい場合には、事前に上司の了解を得ておくと同時に、周囲の人にも伝えておきます。また、訪問後に会社に電話を入れ、業務の連絡事項がないかどうかを確認します。

👤 事例で考えるビジネスマナー

辞去のタイミング

Gさんは、一人でお客様の会社に行きました。Gさんにとっては長いつきあいのある会社であり、相手の担当者にもGさんは信頼されています。

今回は、2か月後に開催される新しいイベントの企画書を持って訪れました。忙しい担当者にアポイントメントを取り、なんとか1時間だけ時間を確保してもらいました。このあとにも大事な会議が控えていると言われたため、早速、用意した企画書をもとにプレゼンテーションを始めましたが、もともとGさんは早口です。担当者との質疑応答を含めても、20分ほどで用件が終了してしまいました。時間があまったので、Gさんは雑談で時間をつぶしました。開始から50分ほど経ったところで、担当者から「次がありますので」と促されて席を立ったGさんは、会議室を出たところで「こちらで結構です。本日はありがとうございました」とあいさつをして帰りました。

■この事例について、次の項目を考えてみましょう。　　解説 ▶ P.189

	チェック項目	YES	NO
❶	早口でプレゼンテーションを行ったのは正しかったですか	☑	☑
❷	雑談であまった時間をつぶしたことは正しかったですか	☑	☑
❸	見送りを断ったのは正しかったですか	☑	☑

実践問題 営業になったつもりで、アポイントメントを取る練習をしてみましょう。

解答 ▶ P.183

●訪問のアポイントメントを取ってみましょう。

営　業：システム開発の件でお伺いしたいのですが、来週のご都合はいかがで
　　　　しょうか。
お客様：来週の前半は忙しいので、後半はどうですか？
営　業：「①　　　　　　　　　　　　　　　　　　　　　　　　　　　　」
お客様：午後なら大丈夫です。
営　業：「②　　　　　　　　　　　　　　　　　　　　　　　　　　　　」
お客様：わかりました。
営　業：「③　　　　　　　　　　　　　　　　　　　　　　　　　　　　」

●お客様から時間を変更したいと連絡がありました。対応してみましょう。

お客様：来週の打ち合わせの件ですが、その日は部長の〇〇が午後から外出す
　　　　ることになったので、午前に変更してもらえないでしょうか？
営　業：「④　　　　　　　　　　　　　　　　　　　　　　　　　　　　」
お客様：その時間なら部長の〇〇も私も大丈夫です。
営　業：「⑤　　　　　　　　　　　　　　　　　　　　　　　　　　　　」

●明日の午前10時に訪問することになっていますが、スケジュールに変更が
ないか確認の連絡を入れてみましょう。

営　業：「⑥　　　　　　　　　　　　　　　　　　　　　　　　　　　　」
お客様：変更はありません。5階の受付に来てください。
営　業：「⑦　　　　　　　　　　　　　　　　　　　　　　　　　　　　」

STEP 4 応接室でのマナー

1 応接室の席順

応接室であっても会議室であっても、一般的には、入口から一番遠い席が上座になります。応接室にソファーと肘かけ椅子がある場合は、ソファーがお客様用です。背もたれや肘かけのない椅子がある場合は、その椅子が一番末席となります。

応接室にお客様を通すときは、上座に座っていただくようにすすめます。逆に、自分が他社を訪問したときには、席をすすめられるまでは、入口の近くで立って待ちます。席をすすめられたら、**「では、失礼いたします」**と言って、指示された席に座ります。

次の図は、一般的な応接セットの例です。ソファーが上座に配置されており、肘かけ椅子のほうが下座に配置されています。訪問先を複数人で訪れた場合などには、立場や地位が上の人から、①、②、③の順に座ります。

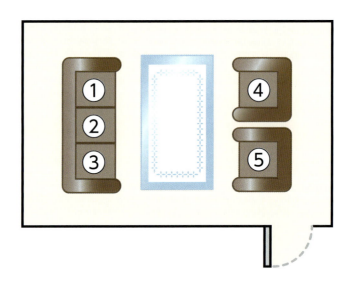

2 シーン別・席順

様々なシーンに応じて、お客様や自分がどこに座るべきかを判断できるようになりましょう。

■お客様を応接室に通すとき

◆お客様：部長と課長、応対者：自分のみ

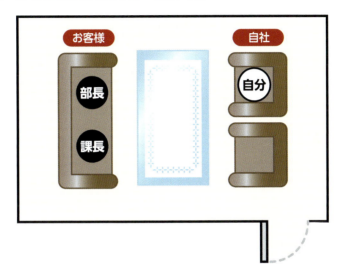

◆お客様：部長と課長、応対者：課長と自分

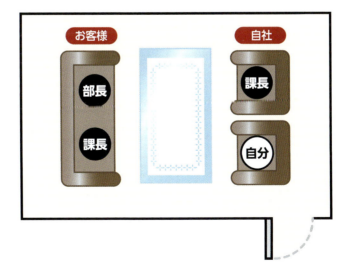

■他社を訪問したとき

◆同行者：なし

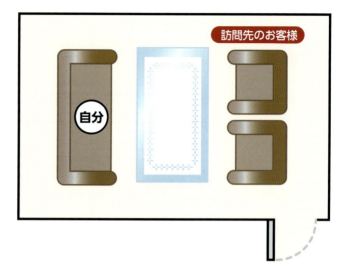

◆同行者：部長と先輩社員

会議室の席順

会議室には、応接室とは異なる席順があります。お客様との打ち合わせは、会議室で行うことも多いので、覚えておきましょう。

●対面型
会議室では一番奥ではなく、話を進めたり、相手の話を聞いたりしやすい中央の席が、上座となります。

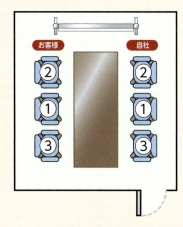

●円卓
議長が一番奥の席に座り、議長を囲むようにして座ります。
議長に近いところから順に上座となります。

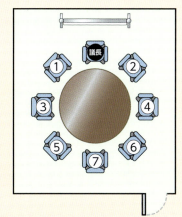

●コの字型
議長が一番奥の中央の席に座り、議長を囲むようにして座ります。
議長の隣の席は、左側より右側のほうが上座です。

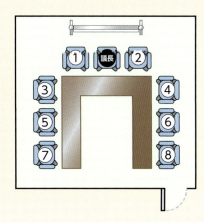

乗り物の席順

乗り物の席順は、安全性と乗り心地が判断基準となります。タクシーと自家用車では、運転する人がプロかどうかの違いで上座と下座が異なります。

●タクシーの場合

後部座席の中央は、大変狭く座り心地が悪いため、「私が中央に座ります」と声をかけるとよいでしょう。
タクシー代は助手席に座った人が支払います。

●自家用車の場合

運転する人がプロではないときは、助手席に一番大切な人に座ってもらいます。
乗車している人が社内の人だけであれば立場や地位が上の人（年上の人）に、お客様が同乗される場合はお客様に助手席に座ってもらいます。

●電車の場合

窓側で進行方向に顔が向く席が上座です。
バスや飛行機も窓側が上座になります。

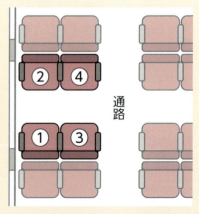

3 お茶の出し方

お茶は、上座に座っている人から出すのが基本です。立場や地位が上の人がどちらであるかを、見た目で勝手に判断してはいけません。
お茶を出すときには、次のような点に気を付けましょう。

- 書類やその他の物の妨げにならないところに置く
- どの人のお茶であるかがわかるように置く
- 勝手にお客様の書類や持ち物に手を触れない
- 少し遠い場所に置くときには、誰のお茶であるかがわかるように、「こちらに置いておきます」と小声で知らせるようにする

一般的なお茶の出し方は、次のとおりです。

1 入室する

- ドアを軽くノックする
- 小声で「失礼いたします」とあいさつをする

2 お茶を出す

- サイドテーブルにお盆を置く（サイドテーブルがないときは、応接テーブルの末席の端に、小声で断ってからお盆を置かせてもらう）
- 湯のみと茶たくをセットする
- 茶たくを両手で持って出す

3 退室する
- 小声で「失礼いたします」とあいさつをする
- 静かにドアを閉める

POINT ▶▶▶
お客様をお待たせするとき
お客様をお待たせするときは、お客様の人数分だけ先にお茶を出します。担当者が入室したら、改めてお客様と担当者のお茶を用意します。このとき、お客様が手をつけていなくても必ず新しいものと差し替えます。担当者がすぐに来ることがわかっていれば、全員揃ってから出してもかまいません。

POINT ▶▶▶

お茶の入れ方

おいしいお茶を入れるには、お茶の特性に合ったお湯の温度で入れることがポイントです。例えば、玉露は一度沸騰させたお湯を冷まし、ややぬるめのお湯でじっくりと時間をかけて味を出します。また、濃さが均等になるように、少しずつ湯のみに注ぎ分けます。湯のみにあふれんばかりに注いではいけません。7分目を目安にしましょう。

暑い日には冷たいお茶を、寒い日にはあたたかいお茶を出すなど、来訪されたお客様へのちょっとした心づかいも大切です。

4 お茶のいただき方

お茶は、すすめられてからいただくようにします。相手が来るまでに時間がかかるという連絡を受けた場合は、先にお茶をいただいてもかまいません。いただくときは、音を立てたりこぼしたりしないように注意します。退室するときは、湯のみを応接テーブルの隅に寄せて席を立つとよいでしょう。

事例で考えるビジネスマナー

お茶の出し方

Hさんは、応接室にお茶を4つ持ってきて欲しいと頼まれました。
入室したところ、お客様は2名で手前に座っているお客様が年上のようでした。そこで、手前に座っているお客様から先にお茶を出し、次に奥に座っているお客様にお茶を出しました。奥のお客様の手元には書類が置いてあったので、書類を少しずらしてお茶を置きました。そのあと、部長と先輩にお茶を出して退室しました。

■この事例について、次の項目を考えてみましょう。　解説 ▶ P.189

	チェック項目	YES	NO
❶	お茶を出す順番は正しかったですか		☑
❷	お茶の置き方は正しかったですか	☑	

第3章　訪問時・来客時の基本マナー

STEP 5 出張時のマナー

1 出張時の心構え

「出張」とは、一般的に、短時間では移動できないような遠距離への外出を指します。例えば、目的地までの距離が100km以上ある場合を出張とするなど、会社ごとに出張の定義が異なります。自社の出張規程をよく確認しておきましょう。

出張には、日帰り出張と、宿泊を伴う出張とがあります。いずれの場合も、移動時間やコストの負担が大きいため、目的を効率よく達成するためには入念な準備が必要です。出張前の準備は、他社を訪問するときの準備と共通ですが、長期にわたる出張の場合は、周囲の人に不在中の対応を依頼しておくことも忘れないようにしましょう。

出張中は移動時間も長いため、思わず緊張感を失いがちです。どんな目的であっても、常に仕事中であることを忘れずに、自分勝手な行動は慎みましょう。出張は、人間関係やビジネスを広げる大事なチャンスでもあります。

出張時には、次のようなことを心掛けましょう。

- ●移動は早めに行う
- ●時間配分を考え、効率よく用事を済ませる
- ●トラブルが発生した場合は、速やかに会社に電話を入れ、上司に報告する
- ●予定していた用件がすべて済んだら、会社に報告の電話を入れる
- ●長期にわたる出張の場合は、1日1回は報告の電話を入れる
- ●宿泊する場合は、寝坊や身だしなみに注意する

! POINT ▶▶▶

出張後の対応

出張から戻ったら、速やかに出張報告書をまとめ、上司に提出し、交通費、宿泊費、交際費など、出張にかかった費用の精算を行います。

また、出張時にお世話になったお客様や取引先に、電話やメールなどで感謝の気持ちを伝えることも忘れないようにしましょう。

Exercise 確認問題

解答 ▶ P.183

第3章　訪問時・来客時の基本マナー

次の文章を読んで、正しいものには○、正しくないものには×を付けましょう。

1. 名刺を受け取って相手の名前の読み方がわからないからといって、読み方を聞くのは失礼である。

2. 名刺は立場や地位が上の人（年上の人）から先に出すのが基本である。

3. 面識のないお客様と上司を引き合わせる場合は、先に上司をお客様に紹介する。

4. お客様の案内を頼まれたとき、忙しくて対応が難しいようなら、お客様に応接室の場所を丁寧に説明する。

5. お客様が遠慮しても、玄関まで見送るのが基本である。

6. 訪問先で携帯電話が鳴った場合は、椅子に座ったまま電話に出てもよい。

7. ソファーと肘かけ椅子がある場合は、ソファーがお客様用となる。

8. おいしいお茶を入れるには、お茶の種類にかかわらず、沸騰したお湯ですばやく入れるとよい。

9. 会議中にお茶を出すときは黙って入室し、お茶を置くときも声をかけないようにする。

10. 出張中に何も問題がなくても、必ず会社に報告の電話を入れる。

Chapter

■第4章■
電話の基本マナー

電話応対のマナーについて説明します。

STEP1 電話応対 ……………………………………… 85
STEP2 音声表現 ……………………………………… 87
STEP3 電話のかけ方 ………………………………… 89
STEP4 電話の受け方 ………………………………… 92
STEP5 電話応対でのトラブル……………………… 99
確認問題 ……………………………………………… 101

STEP 1 電話応対

1 電話応対のポイント

電話はコミュニケーションを円滑にするための便利なツールですが、相手の顔が見えないため、ちょっとしたことがきっかけでトラブルに発展しかねません。話し方ひとつで、相手に不愉快な思いをさせたり、誤解を招いたりする可能性があり、場合によっては、会社のイメージや評価を下げる原因になります。したがって、対面しているとき以上に緊張感を持ち、相手に対する配慮を忘れないようにすることが大切です。電話のマナーも、社会人として身に付けておくべき重要なビジネスマナーのひとつです。常に自分は会社の顔であるということを認識し、失礼のない電話応対を心掛けましょう。

電話応対のポイントには、次のようなものがあります。

■第一印象

電話でも、第一印象はとても大切です。声のトーンや抑揚を工夫し、できるだけ明るくあたたかい声で応対するように心掛けます。相手に**「明るい」「感じがよい」**といった印象を与えることができれば、そのあとのやり取りや仕事も進めやすくなります。

■失礼のない応対

電話の応対においては、正確さとスピードを重視するようにします。用件や重要なポイントは必ずメモを取って復唱し、相手に何度も説明させたり、聞き間違えたりすることのないようにしましょう。

電話の印象を著しく悪くする行為には、次のようなものがあります。

> ● 名前を名乗らない
> ● 基本的なあいさつがない
> ● 正しい言葉づかいや敬語を心得ていない
> ● 保留にせずに担当者に代わる
> ● 長い時間保留にして待たせる
> ● 電話している人の周囲で大声を出す
> ● 誤解されるような笑い声を立てる
> ● 何度も同じことを繰り返し聞く
> ● 複数の担当者間で転送する（たらい回し）

■気持ちのよい応対

黙っていると聞いているのかどうか、あるいは自分の声が聞こえているのかどうかと、相手も不安になってしまいます。相手の話やペースに合わせ、適切なタイミングであいづちを打つと、テンポよく会話を進めることができ、相手も安心して話に集中することができます。

はい。□□会社でございます。

○○会社の△△様でいらっしゃいますね。いつもお世話になっております。あいにく○○は社外に出ておりまして3時に帰社予定です。よろしければご用件を承りますがいかがいたしましょうか?

明日のお打ち合わせの件でございますね。かしこまりました。わたくしは○○と申します。確かに申し伝えます。

ありがとうございました。失礼いたします。

わたくし、○○会社の△△と申します。いつもお世話になっております。恐れ入りますが、××部の○○様をお願いいたします。

明日の打ち合わせの件でお電話いたしましたが、3時以降に改めて、こちらからご連絡させていただきます。

それではどうぞよろしくお願いいたします。

失礼いたします。

 POINT ▶▶▶

携帯電話のマナー

社外だけでなく、社内にいる場合でも、携帯電話は当たり前のように利用されています。しかし、場所や時間をわきまえないと、相手に迷惑をかけることもあります。また、歩きながらの利用は事故につながる可能性もあるので、ほかの人の通行の邪魔にならない場所に移動してから利用します。

携帯電話を使うときには、次のような点に注意しましょう。

＜相手の携帯電話に電話をかけるとき＞
- 緊急の用件でない限り電話を控える
- 相手の状況を確認してから話を始める
- 手短に用件を伝えるようにする

＜携帯電話から電話をかけるとき＞
- やむを得ない場合以外は、会議中や商談中の使用は避ける
- 電波が不安定な場所からの電話は避ける
- 公共の場では周囲に配慮し、重要な話は避ける

＜携帯電話で電話を受けるとき＞
- 会議中や商談中などは携帯電話をマナーモードにする
- 公共の場では周囲に配慮し、重要な話は避ける
- 電車の中などではマナーモードにするか電源を切るようにする

STEP 2 音声表現

1 好感を持たれる音声表現

「音声表現」は、音声を通じて明るさや誠実さを伝える重要な役割を果たしています。音声表現を駆使して、相手に笑顔を感じさせるような電話応対を心掛けましょう。

音声表現の要素には、次のようなものがあります。音声表現のポイントを押さえて、好感を持たれる話し方ができるようになりましょう。

■声の大きさ

声が大きすぎると、威圧的な印象を与える恐れがあります。逆に声が小さすぎると、情報が正しく伝わりません。また、相手に自信のなさそうな印象を与えてしまうことがあります。

■話すスピード

早口は、一方的で追い立てられる印象を与えます。早すぎると、聞き取れないこともあります。逆にゆっくりすぎると、相手をイライラさせる可能性があります。

■声のトーン

「トーン」とは、声の高さ、低さのことです。あいさつするときはトーンを高くします。音階のドレミでいうと「ソ」が第一声に適した声の高さです。謝罪するときはトーンを低くします。

■間

「間」とは、話の途中で一呼吸おくことです。話すときに適切な間を取ると、聞き手が話を理解しやすくなります。また、印象に残したい言葉や注目を引きたい言葉の前に間を取ると効果的です。

■プロミネンス

「プロミネンス」とは、文章で重要な部分を際立たせて話すことです。キーワードや聞き取りにくい言葉などを大きな声でゆっくりと話すことで強調します。

話す速さや間の取り方を変えることで、話し方にリズムやテンポが生まれ、効果的に伝えることができます。

第4章 電話の基本マナー

87

■抑揚

「抑揚」とは、話の内容に応じて音声の高低により変化を付けることです。問いかけや質問などは語尾を上げます。断定的に話すときは語尾を下げます。プロミネンスと同様、抑揚が乏しいと単調な印象を与えてしまい、話の内容をスムーズに理解してもらえない可能性があります。

■感情

プロミネンスや抑揚が適切に表現できていても、感情が込められていなければ、相手に正しく伝わらないこともあります。例えば、**「このたびは誠に申し訳ございません」**と言葉だけは丁寧でも、**「この人は心から悪いと思っているのだろうか」**と思われては意味がありません。相手に謝罪するときや共感するときなどは、相手の心情を十分に察したうえで自分の取るべき対応を考え、言葉に感情を乗せるように心掛けましょう。

実践問題 音声表現を意識して、電話応対の練習をしてみましょう。

※（　　　）には、自分の会社名や名前を入れます。

① おはようございます。（会社名）でございます。
② お電話ありがとうございます。（会社名）でございます。
③ お待たせいたしました。（会社名）でございます。
④ いつもお世話になっております。
⑤ 失礼ですが、どちら様でいらっしゃいますか？
⑥ ただいまおつなぎいたします。少々お待ちください。
⑦ こちらから窓口へ転送いたしますので、少々お待ちください。
⑧ あいにく（上司の名前）は外出しております。いかがいたしましょうか？
⑨ わたくし、（自分の名前）と申します。代わってご用件を承ります。
⑩ 大変申し訳ございませんが、改めてお問い合わせいただけないでしょうか？
⑪ 本日はご利用いただきまして、誠にありがとうございました。
⑫ さようでございますか。大変お手数をおかけいたしました。
⑬ かしこまりました。
⑭ 承知いたしました。
⑮ 失礼いたします。

STEP 3　電話のかけ方

1　電話をかけるときの流れ

電話は相手の時間を拘束することになるため、用件をできるだけ短時間でわかりやすく伝えることが大切です。また、会社では、連絡を取りたい相手が最初に出るとは限りません。不在にしている場合は、伝言を依頼することもあります。誰に何を伝えたいのかを整理してから電話をかけるようにしましょう。
電話をかける手順と考慮すべき点は、次のとおりです。

1　電話をする前に準備する
- 電話をかける時間帯を考える（営業時間外はできるだけ避ける）
- 話す相手の電話番号を確認し、用件をまとめておく

2　取り次ぎを依頼する
- 「いつもお世話になっております」と、一言あいさつを添える
- 自分の会社名と名前を名乗り、話したい相手の部署名と名前を告げて取り次ぎを依頼する
- 相手が不在の場合は、伝言を依頼するか、こちらから改めてかけ直す旨を伝える

3　相手が出る
- 再度自分の会社名と名前を名乗る
- 「いつもお世話になっております」と、一言あいさつを添える

4　用件を伝える
- 「今、お話ししてもよろしいでしょうか？」などと、相手の都合を聞く
- 電話をかけた目的を話す
- 用件をわかりやすく、まとめて伝える

5　あいさつをして受話器を置く
- 相手が電話を切ったことを確認して、静かに受話器を置く

POINT ▶▶▶

電話の切り方

基本的に電話はかけた方から切るようにします。用事があって電話をかけ、その用事が終わったので電話を切るという考え方です。しかし、電話の相手によっては、自分が電話をかけた場合でも相手が切るのを待った方がよい場合もあります。相手の立場や地位、年齢などを考慮してその時の状況に応じて使い分けるようにしましょう。

また、先に電話を切るときは、相手の耳元で受話器を置く音が響かないように、フックを押さえてから受話器を置くように配慮するとよいでしょう。

2 シーン別・電話のかけ方

電話をかけるときは目的に応じて、次のような点を考慮しましょう。

■お礼

感謝の気持ちは、できるだけ早めに伝えます。また、メールより電話のほうが、気持ちが伝わります。さらに丁寧にしたい場合は、まず電話でお礼を伝え、手紙などで改めて気持ちを伝えるとよいでしょう。

<例>「本日は、お忙しい中ご足労いただきまして、誠にありがとうございました。」

■謝罪

謝罪の電話は気が進まないものですが、タイミングを逃すと、ますます言い出しにくくなります。時間が経ってしまわないうちに早めに気持ちを伝えましょう。自分に非があるのですから、素直な気持ちで誠実な対応を心掛けます。さらに丁寧にしたい場合は、まずは電話でお詫びをし、後日、直接訪問して改めて気持ちを伝えるとよいでしょう。重大なミスやトラブルに対する謝罪は、安易にメールだけで済ませてはいけません。

<例>「昨日は多大なご迷惑をおかけいたしまして、誠に申し訳ございませんでした。」

■訂正

事実と違うことを伝えてしまったことに気づいたら、すぐにかけ直して訂正します。その際、一度に用件が完了しなかった点をお詫びしましょう。訂正をメールで済ませてしまうと、相手の確認が遅れ、重大な失敗につながりかねません。

<例>「お忙しいところ、たびたび申し訳ございません。先ほどお伝えした金額が間違っておりましたので、再度お電話をいたしました。」

90

■相手が忙しいとき

ほかの仕事で忙しいと、話に集中できない可能性があります。特に長くなりそうな話や、複雑な話などは、相手が聞く態勢にあることが重要になります。相手から忙しいと言われた場合はもちろん、相手の話すスピードや口調などから忙しそうだと感じたら、あとでかけ直した方がよいかどうかを確認しましょう。

<例>「少し長くなりそうですので、ご都合のよい時間を教えていただければ、あとでかけ直します。」

! POINT ▶▶▶

電話に向かない内容

すぐに連絡を取りたいからといって、すべての用件を電話で済ませるのではなく、目的に合わせて、電話、メール、訪問、手紙など、適切な手段を選ぶようにしましょう。
電話に向かない内容には、次のようなものがあります。
- ●大切な商談
- ●口頭での説明が難しい複雑な内容
- ●人事などの個人情報に関わる内容
- ●大きなミスやトラブルに対する謝罪
- ●重要なお客様へのお礼

👤 事例で考えるビジネスマナー

電話での謝罪

営業部のIさんが外出先から戻ると、机の上にメモが置かれていました。重要なお得意様からの電話で、昨日納品された商品に不具合があるだけでなく、仕様も数も発注どおりではないとの内容でした。電話を受けた担当者に確認すると、かなりご立腹だったとのことです。先月にも同じようなミスがあったばかりで、このままでは契約を解除されてもおかしくありません。

お得意様は会社から30分圏内にあります。しかし、他の用件で忙しかったため、Iさんは電話で謝罪することにしました。あいにく担当者は不在でした。「〇〇様に、『申し訳ありません、すぐに再手配いたします』とお伝えください」と伝言して電話を切りました。

■この事例について、次の項目を考えてみましょう。　解説 ▶ P.190

	チェック項目	YES	NO
❶	重要なお得意様への謝罪を電話で済ませたのは、正しかったですか	☑	☑
❷	謝罪の気持ちを伝言したのは正しかったですか	☑	☑

STEP 4 電話の受け方

1 電話を受けるときの流れ

電話をかけてくる相手がどこの誰であるかは、相手が名乗るまでわかりません。相手の感情も目的も様々です。電話を受けるときは、常に冷静な対応を心掛けましょう。
電話を受ける手順と考慮すべき点は、次のとおりです。

1 電話が鳴ったらすぐに出る

- 電話は呼び出し音が3回鳴るまでに出る（3回以上鳴ってから出る場合は「お待たせいたしました」という言葉を添える）
- 明るい声で会社名、部署名、名前などを名乗る

2 相手を確認する

- 相手の会社名、名前を確認する
- 得意先や取引先などの場合は「お世話になっております」とあいさつをする
- 相手が会社名や名前を名乗らなかった場合は「失礼ですが、どちら様でしょうか」と確認する

3 用件を聞く

- 手元にメモを用意し、用件を書き留める（固有名詞、数字などは正確に聞き取り、6W2Hを意識してメモする）
- 不明瞭な点や聞き取れなかった内容は「もう一度お願いします」と申し出る
- 取り次ぎ相手が不在の場合は、不在であることを伝え、こちらからかけ直したほうがよいか確認する

4 用件を復唱する

- 用件のポイントを復唱し、間違いがないか確認する

5 あいさつをして受話器を置く

- 丁寧にあいさつをし、静かに受話器を置く

▶ 動画で確認！

2 シーン別・電話の受け方

電話を受けるときには、相手の目的に応じた適切な対応の仕方があります。

■取り次ぎ

電話を取り次ぐ場合は、電話をかけてきた相手の名前を確認してから取り次ぎます。取り次ぐ相手が不在の場合は、不在であることや戻り時間などを伝え、こちらから折り返し電話をかけたほうがよいかを確認します。具体的な行き先などを相手に知らせる必要はありません。折り返し電話が欲しいと言われたら、相手の電話番号も確認しておきます。

伝言を依頼された場合は、用件のポイントを復唱し、間違いがないかを確認します。誰が伝言を受けたのかを相手に知らせるため、自分の名前も伝えておきます。また、重要な用件の伝言を受けた場合は、担当者が忘れずに処理したかどうかを確認し、最後まで責任を持つようにしましょう。

<例>「部長の○○は、ただいま外出しております。○時頃には戻る予定ですが、戻り次第、こちらからお電話いたしましょうか。」

POINT ▶▶▶
携帯電話の番号

不在者宛てに電話があり、相手が取り次ぎを急いでいたとしても、基本的には本人の了承なしに第三者に携帯電話の番号を伝えるべきではありません。この場合は、相手の連絡先を聞いていったん電話を切り、自分が不在者に連絡を入れ、本人から折り返し連絡してもらうようにしましょう。

POINT ▶▶▶
メモの残し方

不在者に電話があったことを伝える場合は、メモを残しておきます。
メモを残すときのポイントは次のとおりです。
- 誰からいつ（日付・時間）電話を受けたかを明らかにする
- 用件を正確かつ簡潔にまとめる
- 電話を受けた人の名前を必ず書く
- 丁寧な字ではっきりと書く
- 不在者が戻ったときに、念のため口頭でも伝える
- 不在者の席の目立つ場所に置いておく

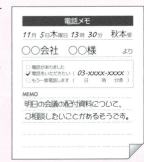

■問い合わせ

「何についての問い合わせか」「何を求めているのか」を聞き取ります。相手の話の内容を正確に把握できていないと、適切な回答を提示することはできません。また、問い合わせに対する回答には、スピードと正確さが要求されます。

お客様をたらい回しにしないためには、自分の力でどこまでなら対応できるかを自覚しておくと同時に、問い合わせ内容に応じて誰なら対応できるか、どの部署なら解決できるかを把握しておきます。商品知識や業務知識だけでなく、会社内の組織の役割をよく理解しておくことが大切です。

問い合わせ対応に必要な要素は次のとおりです。

◆問い合わせ内容の把握

お客様の話に最後まで耳を傾け、どのようなことに対する回答を必要としているのかを正確に把握します。

◆要約

相手が一通り話し終えたあとに、話の要点を手短にまとめ、相手が伝えたい内容を再確認します。相手の話を理解したことを伝えるだけでなく、相手の話がまとまっていないような場合は、話の内容をいったん整理してあげることもできます。

◆回答

問い合わせ内容が確認できたら、相手にわかりやすいように簡潔に回答します。調べないとわからないときなどの時間を要する場合は、折り返し電話をかけるようにします。また、担当外で対応できない場合は、適切な担当者や窓口に速やかに電話を転送し、対応を依頼します。

! POINT ▶▶▶

電話を保留にするとき

少し調べればわかる場合には、電話を切らずにお客様にお待ちいただくこともあります。そのような場合には、相手に話が筒抜けにならないように電話を保留にします。

電話を保留にする場合には、次のような点に配慮しましょう。

● 保留にする理由を言い添え、了解を受けてから保留にする。また、時間が予測できれば、時間も付け加える。

<例>「お調べしますので、少々お待ちください。」「○分ほど、お待ちいただけますか。」

● 「お待ちいただけますか」と「お待たせいたしました」は、ワンセットで使う。
● 必要に応じて、保留の結果を報告する。

<例>「確認しましたところ・・・」「お調べしましたところ・・・」

■クレーム

クレームには、より慎重な対応が求められます。「**何が不満なのか**」「**どうして欲しいのか**」を聞き取ります。問題を的確にとらえ、適切な対応ができれば、迅速にクレームを解決することができます。クレームは、期待の裏返しでもあります。クレームこそ信頼に変えるチャンスだと考え、丁寧に冷静な対応をしましょう。クレーム対応に必要な要素は、次のとおりです。

◆フィードバック

まずは相手の気持ちを素直に受け止めます。状況を正しく把握したうえで、こちら側に過失が認められる場合は、直ちに謝罪します。

> <例>「ご迷惑をおかけしております。」
> 「不愉快な思いをさせてしまい、申し訳ございません。」
> 「誠に申し訳ございません。」

◆状況把握

何に対して苦情を言っているのか、「**事実**」と「**主張**」を正確に把握します。謙虚な気持ちでお客様の言い分をすべて聞くようにします。

> <例>「お怒りの理由をお聞かせいただけませんでしょうか。」

◆情報の伝達

解決策または代替案を提示し、必要であれば理由も述べます。お客様の期待に応えたいという積極的な姿勢を伝えます。

> <例>「直ちに〇〇させていただきます。」

◆クロージング

今後の対応や対策について説明し、最後に必ず感謝の気持ちを伝えます。

> <例>「早速、参考にさせていただきます。」
> 「今後このようなことがないよう、努力いたします。」
> 「貴重なご意見をありがとうございました。」

事例で考えるビジネスマナー

昼休み中の電話応対

Jさんは、昼休み中にかかってきた電話を取りました。事務所内でお弁当を食べながら話している人たちの声が少しうるさかったのですが、昼休みだから仕方がないと思い、特に注意しませんでした。しかし、そのせいで相手の声がはっきり聞こえなかったので、相手に「お電話が少し遠いようです」と申し出て大きな声で話してもらいました。

相手は後輩のご家族の方でした。後輩は外で食事をしていたので、事務所にいませんでした。そこで、「〇〇ちゃんは、食事に行っているんですよ」と不在であることを伝えました。

■この事例について、次の項目を考えてみましょう。　　　　解説 ▶ P.190

	チェック項目	YES	NO
❶	電話中の人への周囲の配慮は正しかったですか	☑	☑
❷	「お電話が少し遠いようです」の使い方は、正しかったですか	☑	☑
❸	後輩のご家族に対する言葉づかいは、正しかったですか	☑	☑

実践問題　様々なシーンにおける基本文章を話してみましょう。

●依頼に関する文章

①お調べしてこちらからご連絡いたします。ご了承いただけますでしょうか？

②恐れ入りますが、改めて当サービスをご利用いただけますでしょうか？

●断る場合の文章

③ご要望に添えず申し訳ないのですが、そのようなことはできかねます。

④あいにく、私どもではわかりかねます。

●謝罪に関する文章

⑤こちらの不手際でお客様にご迷惑をおかけして、大変申し訳ございません。

⑥勉強不足なところがございましたら、お詫び申し上げます。

⑦不愉快な思いをさせてしまい、大変申し訳ございません。

●クロージングの言葉に関する文章

⑧この件は、ご理解いただけましたでしょうか？

⑨この件は、以上でよろしいでしょうか？

⑩何かございましたら、またご連絡ください。

⑪本日はご利用ありがとうございました。失礼いたします。

⑫またのご利用をお待ちしています。失礼いたします。

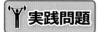 電話の取り次ぎの練習をしてみましょう。　解答 ▶ P.183

● お客様と商談中の鈴木部長宛てに電話がかかってきました。どのように対応しますか。
※商談中であることまで伝える必要はありません。

「申し訳ございません。部長の鈴木は、ただいま（①　　　　　　　　）。」

● 電話中の中村さん宛てに電話がかかってきました。どのように対応しますか。

「申し訳ございません。中村は、ただいま（②　　　　　　　　）。」

● 遅刻でまだ会社に到着していない山田さん宛てに電話がかかってきました。どのように対応しますか。

「申し訳ございません。山田は、ただいま（③　　　　　　　　）。」

● トイレで席をはずしている田中さん宛てに電話がかかってきました。どのように対応しますか。

「申し訳ございません。田中は、ただいま（④　　　　　　　　）。
まもなく戻ると思いますので、（⑤　　　　　　　　）。」

● 会議中の佐藤課長（12時に終了予定）宛てに電話がかかってきました。どのように対応しますか。

「申し訳ございません。課長の佐藤は、ただいま（⑥　　　　　　　　）。
12時頃には終了する予定ですので、（⑦　　　　　　　　）。」

● 休暇中の新井さん（1週間後に出社予定）宛てに電話がかかってきました。どのように対応しますか。
※休暇中であることを正直に伝えたうえで、いつ出社するかを正確にお知らせします。

「申し訳ございません。新井は（⑧　　　　　　　　）。
〇月〇日には出社いたしますので、（⑨　　　　　　　　）。」

第4章　電話の基本マナー

97

パワートーク

お客様との会話の中で、自分では判断がつかなかったり断らなければならなかったりすることがあります。否定的な言葉で会話を終わらせると、お客様によい印象を持ってもらうことはできません。事実をそのまま述べるのではなく、次のように答え方を工夫してみましょう。

●命令形ではなく依頼形を使う

悪い例	良い例
〜してください。	〜していただけますでしょうか。

●文章の終わりを肯定的にする

悪い例	良い例
明日でしたら在庫がございますが、本日は在庫がございませんのでお渡しできません。	本日は在庫がございませんので、明日までにご用意いたします。

●「あとよし言葉」を使う

悪い例	良い例
A社のパソコンはございますが、B社のパソコンは取り扱っておりません。	B社のパソコンは取り扱っておりませんが、A社のパソコンはご用意できます。

●「No／Because 型」ではなく「Yes／But 型」を使う

悪い例	良い例
いいえ、そのようなことはございません。比較的つながりやすいアクセスポイントもございますので、そちらをご案内いたします。	申し訳ございません。時間帯によって、つながりにくい場合もございます。もしよろしければ、比較的つながりやすいアクセスポイントもございますので、そちらをご案内いたします。

●謝罪の言葉は使い分ける

事実や原因がはっきりしていないとき	明らかに過失が認められるとき
ご迷惑をおかけいたしております。	申し訳ございません。

STEP 5 電話応対でのトラブル

1 トラブル時の対応

電話では、顔が見えないために意図したことが正確に伝わらなかったり、文字として記録が残せないために間違って伝わったりすることがあります。重要な用件は電話だけで済ませず、文書にしてメールやFAXでもやり取りしておくと、トラブルを未然に防ぐことができます。

また、トラブルが発生した場合は、その影響を最小限に抑えるように的確な対応を心掛けましょう。

電話応対でのトラブルと回答例は、次のとおりです。

■声が小さくて聞き取りにくいとき

相手の声が小さくて聞き取りにくいようなときは、電話のせいにするなどして、相手に負い目を感じさせないように配慮します。

> <例>「申し訳ございません。お電話が少し遠いようですが、もう一度お願いいたします。」
> 「お電話がまだ遠いようです。」

■個人情報を聞かれたとき

携帯電話の番号や自宅の住所など、個人情報は聞かれても教えてはいけません。

> <例>「申し訳ございません。携帯電話の番号はお教えいたしかねます。」
> 「よろしければ、戻り次第、担当者から折り返しお電話いたしましょうか。」

■間違って転送されてきたとき

迷惑をかけていることを謝罪して、速やかに適切な窓口へ転送します。

> <例>「こちらの不手際でご迷惑をおかけして大変申し訳ございません。これから該当窓口へ転送いたしますので、少々お待ちください。」

■詳しい人に代わって欲しいと言われたとき

適切な対応ができなかったことを謝罪して、速やかに別の担当者と代わります。

> <例>「至らない説明で大変申し訳ございませんでした。別の担当者に代わりますの
> で、もう少々お待ちいただけますでしょうか。」

■上司を出すように言われたとき

適切な対応ができなかったことを謝罪して、速やかに上司と代わります。

> <例>「私に至らない点がございましたらお詫び申し上げます。ただいま上司に電話
> を代わりますので、少々お待ちください。」

■できないことを認めてくれないとき

ご要望に答えられないことを伝え、代替案などがあれば紹介します。

> <例>「ご要望に添えず大変申し訳ないのですが、そのようなことはいたしかねま
> す。直接的な解決にはならないのですが、○○○をお使いいただけないで
> しょうか。」

実践問題 トラブル時の対応の練習をしましょう。 解答▶P.183

●個人情報を聞かれました。対応してみましょう。

Q ： 清水さんは、そちらの部署にいらっしゃいますか？
A ： はい、おりますが、ただいま外出しております。
Q ： そうですか、それでは夜ご自宅に電話したいので、電話番号を教えてください。
A ：「①   」

●間違って転送されてきました。対応してみましょう。

お客様： 商品Aについて聞きたいのですが…。
総務部： それでは担当部署へ転送いたします。少々お待ちください。
お客様： 商品Aを買いたいのですが、在庫はありますか？
企画部：「②   」

●詳しい人に代わって欲しいと言われました。対応してみましょう。

Q ： ちょっとその説明だとよくわからないんだけど、もっと詳しい人に代わって
くれる？
A ：「③   」

Exercise 確認問題

解答 ▶ P.184

第4章　電話の基本マナー

次の文章を読んで、正しいものには〇、正しくないものには✕を付けましょう。

1. 電話でのコミュニケーションは、意図したことをお互いに理解できない可能性があるので細心の注意を払うようにする。

2. 謝罪の電話は気が進まないので、時間をおいてからかけたほうがよい。

3. 電話の取り次ぎを依頼されたときは、相手の会社名や名前を確認してから担当者に代わる。

4. 緊急であっても、電話をかけてきた相手に、本人の了解なしに不在者の携帯番号を勝手に教えるべきではない。

5. 伝言を受ける場合は、内容を頭の中にしっかりと記憶すればよい。

6. 電話を保留にするときは、「お待ちいただけますでしょうか」「お待たせいたしました」をワンセットで使う。

7. 電話を取り次ぐ相手が不在にしている場合は、行き先と戻り時間を正確に伝える。

8. あいまいな表現は避け、できないことは「できません」とはっきり伝えたほうがよい。

9. クレーム対応は、お客様の主張と事実を把握していれば、感情を理解しなくてもよい。

10. 相手の声が聞き取りにくい場合は、「お客様の声が小さいようです」と言う。

Chapter

■第5章■
ビジネスメールの
基本マナー

メールの書き方やマナーについて説明します。

STEP1　ビジネスメールの概要	103
STEP2　ビジネスメールの作成	107
STEP3　メールの送信	113
STEP4　メールの返信	117
STEP5　メールの転送	122
STEP6　よくあるミス	124
参考学習 セキュリティ対策	125
確認問題	135

STEP 1 ビジネスメールの概要

1 ビジネスメールとは

「メール」とは、インターネット上で行う手紙のやり取りのことです。書面でのやり取りと区別して、「Eメール」、または「電子メール」ともいいます（以下「メール」と記載）。

メールは、パソコン同士はもちろん、携帯電話でもやり取りできるため、重要なコミュニケーションツールとして多くの人に利用されています。また、ビジネスシーンでやり取りされるメールのことを「ビジネスメール」といい、社内や社外の人とのやり取りに欠かせないものになっています。

2 ビジネスメールの特徴

ビジネスメールには、次のような特徴があります。

■相手の都合に関係なく送信できる

電話と異なり、相手が不在の場合でも、送信時刻が深夜や早朝になった場合でも、相手に気にすることなくメールを送信することが可能です。また、受信者も都合のよい時間にメールを読むことができます。

■複数の相手に同じ情報を伝達できる

メールを使うと、複数の相手に同じ内容を同時に送信することができるので、効率よく正確な情報を伝えることができます。

■記録として残せる

送信したメールや受信したメールは履歴として残っているので、あとから内容を確認することができます。また、メールには送受信の日時が記録されているので、日付を追って内容を確認することもできます。

■ファイルを添付して送信できる

メールには、WordやExcelなどで作成したファイルや、画像ファイルなど、様々なファイルを添付して送信できます。

3 メールのマナー

ビジネスメールに限らず、メールを利用する際にも、気を付けなければならないマナーがあります。
次のようなマナーを守って、メールを適切に利用しましょう。

■メールアドレスは正確に入力する

メールアドレスは、1文字でも間違えると相手には届きません。メールを送信する前に、宛先のメールアドレスをよく確認し、違う相手に送らないように気を付けましょう。
メールの宛先に入力されたメールアドレスが存在していない場合は、送信後に「Returned mail：Host unknown」「Returned mail：User unknown」などの件名でメールが届きます。どのメールが届かなかったのかを必ず確認し、間違いを修正してから再度送信します。

> **POINT ▶▶▶**
>
> **メールアドレス**
>
> 「メールアドレス」とは、メールを利用するときに必要なもので、郵便物の住所や宛名に相当するものです。メールはメールアドレスをもとにして相手に届けられます。メールアドレスは「@（アットマーク）」で区切られており、@の左側の「ユーザー名」、右側の「ドメイン名」で構成されています。
>
> **メールアドレスの例**
>
>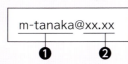
>
> **❶ユーザー名**
> 所属する組織内で個人を識別するための名前
>
> **❷ドメイン名**
> 企業や学校など、組織を指す文字列

■相手の立場になって表現する

メールでは文字だけが頼りであるため、ごくわずかな言葉の行き違いによって、誤解を招いたり相手を傷つけたりすることがあります。相手に不愉快な思いをさせるような話題や言葉づかいは慎みます。相手の立場に立って、細心の注意を払いながら書くようにしましょう。

■1行の文字数と本文の行数に気を付ける

手紙を書く場合と同様に、読みやすさを考慮します。区切りのないメールや、本文の長いメールは読みにくいものです。1行の文字数と本文の行数に注意しましょう。

◆1行の文字数

メールでは、1行に30～35文字程度の文章が読みやすいといわれています。1行の文字数が多く、横に長い文章になると読みにくいので、きりのよいところで改行するようにします。

◆本文の行数

メールでは、20行以内がよいといわれています。しかし、短く簡潔にまとめようと意識しすぎて、逆に情報不足になるようでは困ります。長文になるときは、最初に**「長文をお許しください」**といった断り書きを入れ、行数にとらわれず、いつも以上に読みやすい文章を心掛けましょう。

■半角カタカナや機種依存文字は使わない

半角カタカナや機種依存文字はメールを受け取る側の環境によって、正しく表示されないことがあるので使用を控えましょう。

■必ず署名を付ける

メールの本文の最後に、自分の名前や会社名、メールアドレスなどの個人情報を記入したものを**「署名」**といいます。署名を付けて、相手に自分が誰であるかをわかるようにします。

署名は繰り返し使用することになるため、その都度入力するのではなく、社内用、社外用など、送信先に合わせた複数の署名を登録しておき、使い分けるとよいでしょう。

```
＜例＞
＊＊＊＊＊＊＊＊＊＊＊＊＊＊＊＊＊＊＊＊＊＊＊＊＊＊＊
○○システム株式会社　（http://www.xxxx.xx.xx)
営業部　田中　美紀子
E-Mail：m-tanaka@xxxx.xx.xx
TEL：06-6969-XXXX　FAX：06-6969-XXXX
＊＊＊＊＊＊＊＊＊＊＊＊＊＊＊＊＊＊＊＊＊＊＊＊＊＊
```

■テキスト形式で作成する

メールの形式には「**テキスト形式**」と「**HTML形式**」があります。テキスト形式とは、文字情報だけで構成されたシンプルな形式のことです。それに対してHTML形式では、背景を付けたり、文字のフォントや大きさ、色を変更するなど、メールの見栄えを自由に整えることができます。しかし、HTML形式のメールは、サイズが大きくなったり、閲覧するだけで感染するウイルスが存在したりするので、ビジネスではテキスト形式のメールを作成するようにしましょう。

■添付ファイルの形式と容量に注意する

ファイルを添付してメールを送信するときは、ファイル形式とファイルの容量（サイズ）に注意します。

◆ファイル形式

ファイルの形式によっては、相手がそのファイルを開けない場合があります。相手の環境がわからないときは、あらかじめ必要なソフトウェアとバージョンを連絡し、添付ファイルを開く環境があるかどうかを確認してから送信します。

◆ファイルのサイズ

メールに大きいサイズのファイルを添付すると、メール全体のサイズが大きくなり、送受信に時間がかかってしまいます。また、メールの容量に制限を設けている会社もあるため、容量制限を超えてしまうと、送受信できなくなります。
大きいサイズのファイルを添付する場合は、圧縮ツールを使ってファイルのサイズを小さくするか、ファイルを分割して送信するようにしましょう。
どうしてもファイルのサイズを小さくできない場合は、ファイル転送サービスなどを利用するとよいでしょう。

■送信者が不明なメールは取り扱いに注意する

メールは非常に便利なコミュニケーションツールですが、一方で様々な種類の悪意のあるメールも存在します。送信者およびメールの内容が不明な場合は、読まずに削除しましょう。

> **POINT ▶▶▶**
>
> ### ネチケット
>
> 「ネチケット」とは、インターネットやメールを利用するうえで、気を付けなければならないマナーのことです。「ネットワーク」と「エチケット」をまとめた言葉です。
> 国籍、性別、年齢を問わず、様々な人々が日常的にメールやインターネットを利用しています。顔の見えない相手と交流するためには、マナーを守り、いつも以上に慎重に接することが大切です。

STEP 2 ビジネスメールの作成

1 ビジネスメールの書き方

メールは、複数の人に同じ情報を一度に送信したり、文字として記録を残すことで正確に情報を伝達したりすることができるため、ビジネスにおいても広く利用されています。

ビジネスメールは、連絡事項や確認事項の伝達が中心となるため、正式なビジネス文書と比較すると、文書の内容は簡略化されています。ただし、内容をわかりやすく伝えることが大切であることに、変わりはありません。

ビジネスメールを構成する基本要素は、次のとおりです。

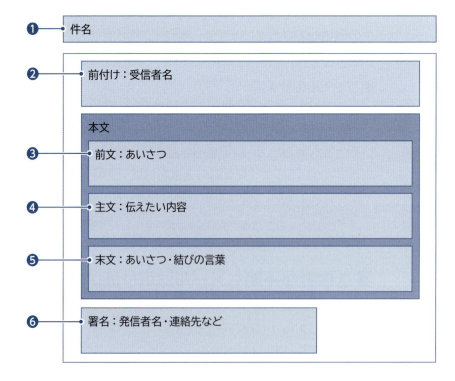

❶件名

メールの内容を簡潔に表現した件名を記載します。メールの受信者が最初に目にする重要な部分です。

❷前付け

受信者の会社名、部署名、名前、敬称を書きます。社内向けのビジネスメールの場合は、会社名の記載は不要です。

❸前文

前文には、相手に合わせた適切なあいさつを書きます。メールでは、時候のあいさつや安否・繁栄のあいさつは必要ありません。

> **<例>**「いつもお世話になっております。」
> 　　　「平素は格別のご愛顧を賜り、厚く御礼申し上げます。」

❹主文

主文は、メールの中心部分で、相手に伝えたい内容を説明するところです。相手にわかりやすく伝えるためには、理解しやすい構成にまとめ、論理的に展開することが重要です。
主文の基本構成は、次のとおりです。

構成	説明
話題文	主題（最も伝えたいこと）と、伝えようとしている情報の範囲を示します。
補足文	話題文を受けて、主題を具体的に説明します。具体的に説明するため、補足文には複数の文を使用することが多くなります。ただし、話題文で確認した情報の範囲を超えないようにします。
終結文	段落の要点を簡潔にまとめます。常に必要というわけではありませんが、段落の終わりを明確にし、主題を再確認させることで、読み手の理解を助けます。

❺末文

末文には、終わりのあいさつや感謝する気持ちを書きます。

> **<例>**「取り急ぎ、ご回答申し上げます。」
> 　　　「今後とも、〜をご愛顧いただきますよう、よろしくお願い申し上げます。」

❻署名

発信者の会社名や部署名、名前、連絡先などを書きます。記号などを使って線を引き、本文と区別します。メールの内容について不明点や連絡事項があった場合に備えて、署名は必ず書きます。一般的に、社内向けと社外向けのメールで表示する項目を変えた署名を使い分けます。

実践問題 該当するメールの構成要素を下の一覧から選択しましょう。 解答 ▶P.184

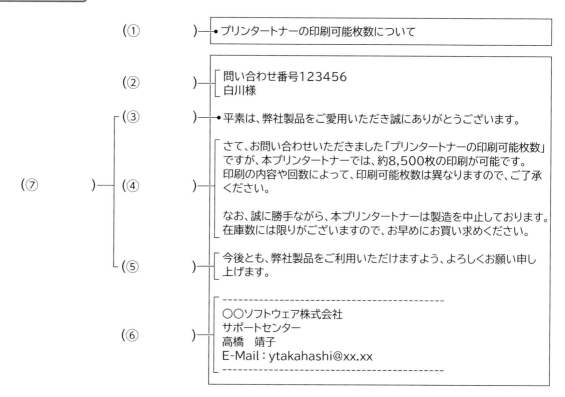

<構成要素>

件名	前付け	本文	前文
主文	末文	署名	

2 ビジネスメールの書き方のポイント

メールは文字として記録が残るため、入力ミスをしたり、間違った情報を記載したりしないように注意します。
メールを書くときは、主に次のような点を考慮します。

■1通のメールに1つの用件を書く

1通のメールには1つの用件を書くようにします。複数の用件を混在させると、受信者が、大切な情報を見落としたり、情報を整理しにくくなったりします。

■内容がひと目でわかる件名にする

件名は、メールの内容を把握するうえで大切なものです。内容がひと目でわかるような件名にすると、受信者が優先順位を判断しやすくなります。また、重要なメールの見落としを防ぐこともできます。
後日、件名を頼りにメールを検索することもあるので、内容に関連するキーワードを入れておくとよいでしょう。また、急いで読んでもらいたいメールの件名には「**至急**」「**緊急**」、重要なメールには「**重要**」などを入れておくと、送信者の気持ちが伝わり、受信者の注意を促すことができます。

悪い例	良い例
お願い	5月度活動報告書提出のお願い
会議のお知らせ	Aプロジェクト キックオフ会議開催のお知らせ
資料送付	6月10日新商品発表会の配布資料の送付

■会社名や名前は正確に書く

相手の会社名や名前を間違えることは大変失礼です。名刺やメールの署名などで必ず確認し、入力ミスがないように注意して書きましょう。また、会社名は正式名称で書き、(株)、K.K.などは使用しません。

■ビジネスに不向きな文字表現は使わない

ビジネスメールでは、「(^o^)」「m(＿ ＿)m」などのように、記号を組み合わせて喜怒哀楽を表現した顔文字を使うのは、好ましくありません。また、気持ちを漢字で表現した「**(笑)**」「**(爆)**」なども使用しないようにします。

110

■重要なことは最初に伝える

受信したメールは、忙しい仕事の合間に確認することも多いため、相手が短時間で必要な内容を把握できるように工夫します。最後まで読まないと情報が伝わらないようなメールは後回しにされてしまう可能性があります。メールの本文では、最も伝えたいことを最初に持ってくるようにしましょう。

■短い文章で簡潔にまとめる

だらだらと長い文章は「後でじっくり読もう」と思われてしまうかもしれません。1文の長さをできるだけ短くし、簡潔な文章を心掛けます。また、できるだけ専門用語の多用は避け、誰にでも理解できる一般的な用語を選ぶようにします。社外の人に宛てたメールでは、社内用語は使用しないようにしましょう。

■レイアウトを工夫する

文章の読みやすさはもちろんですが、文字の配置や改行の位置といったレイアウトも大事な要素です。読みにくいレイアウトは、大切な情報を読み飛ばしたり、意図したことが正確に伝わらなかったりする原因になります。
次のようにレイアウトを工夫してみましょう。

◆段落を分ける

文章がつまっていると読みにくくなります。話の内容が変わるところや区切りのよいところに空白行を入れて、相手が読みやすいような構成にします。

> ご依頼いたしました「Webユーザビリティセミナー」
> 講師の件ですが、詳細が決まりましたのでご連絡いた
> します。
> 6月10日13時〜16時、中央ビル13階の1306教室
> です。
> 取り急ぎ、ご連絡申し上げます。

> ご依頼いたしました「Webユーザビリティセミナー」
> 講師の件ですが、詳細が決まりましたのでご連絡いた
> します。
>
> 6月10日13時〜16時、中央ビル13階の1306教室
> です。
>
> 取り急ぎ、ご連絡申し上げます。

◆箇条書き・インデント・記号を使う

箇条書きにして要点をまとめたり、インデント（字下げ）や記号を使ったりすると、メリハリをつけることができます。

```
ご依頼いたしましたセミナー講師の件ですが、
詳細が決まりましたのでご連絡いたします。

記号 ──●■Webユーザビリティセミナー          ┐
         日時：6月10日13時～16時         ├─ 箇条書き
インデント ─ 場所：中央ビル13階1306教室  ┘

取り急ぎ、ご連絡申し上げます。
```

◆半角・全角を統一する

英数字の半角・全角を統一すると読みやすくなります。

```
ご依頼いたしましたセミナー講師の件ですが、
詳細が決まりましたのでご連絡いたします。

■Ｗｅｂユーザビリティセミナー
  テキスト：「詳解！Webユーザビリティ」
  日　　時：6月10日１３時～１６時
  場　　所：中央ビル13階１３０６教室

取り急ぎ、ご連絡申し上げます。
```

```
ご依頼いたしましたセミナー講師の件ですが、
詳細が決まりましたのでご連絡いたします。

■Webユーザビリティセミナー
  テキスト：「詳解！Webユーザビリティ」
  日　　時：6月10日13時～16時
  場　　所：中央ビル13階1306教室

取り急ぎ、ご連絡申し上げます。
```

112

STEP 3 メールの送信

1 送信前の確認

メールはいったん送信してしまうと、取り戻すことができません。送信する前に、入力した内容を丁寧に確認しましょう。

メールを送信する前に確認すべき項目は、次のとおりです。

項目	内容
宛先	宛先のメールアドレスは正しいか
	CC、BCCに間違いや漏れはないか
件名	メールの内容や重要度がひと目でわかるか
添付ファイル	ファイルのサイズや形式は適切か
前付け	相手の会社名、部署名、名前などを正しく記載しているか
前文	相手に合わせた適切なあいさつを記載しているか
主文	はじめに主題を述べているか
	必要な情報はすべて含まれているか
	あいまいな表現や不確かな内容はないか
	簡潔な表現でまとめられているか
	社内用語や専門用語を使用していないか
	前向きな表現で書かれているか
末文	感謝する気持ちを伝えているか
署名	間違いはないか
読みやすさ	文体は統一されているか
	言葉づかいは正しいか
	誤字・脱字はないか
	半角カタカナ・機種依存文字を使用していないか
	レイアウトは工夫しているか

第5章 ビジネスメールの基本マナー

113

メールの宛先

メールの宛先の指定には「宛先（TO）」「CC」「BCC」の3種類があり、次のように使い分けます。

●宛先（TO）
メールの正規の受信者を指定します。

●CC（Carbon Copy）
同じメールを写しとして送信したい人、つまり、情報を共有しておいて欲しい人を指定します。受信者は、メールを受け取ったときに、CCに指定されている人を確認することができます。

●BCC（Blind Carbon Copy）
CCと同様に、同じメールを写しとして送信したい人を指定します。受信者は、メールを受け取ったときに、BCCに指定されている人を確認することはできません。受信者同士の面識がない場合に、宛先やCCで送信すると、受信者がお互いのメールアドレスを確認できてしまいます。本人の許可なくメールアドレスを公開することはマナー違反です。このような場合は、BCCに指定すればメールアドレスを公開せずに送信できます。

メーリングリスト

「メーリングリスト」とは、1つのメールアドレスに対してメールを送れば、あらかじめ登録してあるメンバー全員にメールが配信される仕組みです。メンバー全員のメールアドレスを毎回指定する手間を省き、メールアドレスの指定漏れを防ぐことができます。
メーリングリストを利用するときのマナーには、次のようなものがあります。

- 特定個人宛てのメールをメーリングリストで流さない
- メーリングリストのメンバーの多数に関係あることでなければ、個別にメールをする
- メーリングリスト内で流れた内容を、メーリングリスト以外で発信しない（転載許可などがあればこの限りではありません）
- メーリングリストのアドレスを許可なくメンバー以外に知らせない
- メールアドレスを変更した場合は速やかに登録アドレスの変更を行う

第5章 ビジネスメールの基本マナー

初めて送る人へのマナー

ホームページに記載されているメールアドレスに問い合わせのメールを送ったり、ほかの人からの紹介を受けて、会う前にメールを送ったりする場合など、面識がない人にメールを送ることがあります。このようなときは、最初に簡単な自己紹介を書き、できるだけ丁寧な文章を書くようにします。特に何かを依頼する場合は、相手に失礼のないように十分注意しましょう。
また、ホームページなどでメールアドレスが公開されていても、本人の了解を得ずに、一方的に営業目的のメールを送りつけてはいけません。

<例>

```
株式会社ABC通販　ご担当者様

突然のメールで失礼いたします。
XYZ出版で「△△情報マガジン」の編集を担当しております大村と申します。

7月号の「使える！ホームページ」に御社のホームページを掲載したいと考えております。
                    ：
```

事例で考えるビジネスマナー

電話とメールの併用

Kさんは、取引先と打ち合わせの日時を決めておくように課長に頼まれました。そこで、取引先に電話をして日時を決め、結果を課長に口頭で伝えました。念のため、決めた日時などをメールに書き、取引先と課長（会議出席者）と部長（連絡のため）を宛先に指定して送信しました。

■この事例について、次の項目を考えてみましょう。　解説▶P.191

	チェック項目	YES	NO
❶	電話や口頭で連絡したことをメールでも送ったのは、正しかったですか	☑	☑
❷	メールの宛先は正しかったですか	☑	☑

115

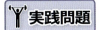 次のメールを読んで、正しいものには○、正しくないものには×を付けましょう。
また、正しくないものには改善案を記入しましょう。　解答▶P.184

件名：おはようございます。

添付ファイル： 手順書.docx（10MB）

小林様

早速ですが、先日お問い合わせいただいたＤＶＤプレーヤーの音が出ない件、解決しました。添付ファイルをご覧ください。（ﾌｧｲﾙｻｲｽﾞが大きくてすみません）

今後とも、弊社製品をご愛顧いただきますよう、よろしくお願い申し上げます。

****
○○サービス株式会社
営業部　山本　和行
E-Mail：kazuyama@xx.xx
****

	チェック項目	正誤	改善案
①	件名はひと目で内容がわかるか		
②	添付ファイルのサイズは適切か		
③	相手に合わせた適切なあいさつが記載されているか		
④	感謝する気持ちを伝えているか		
⑤	半角カタカナを使用していないか		
⑥	機種依存文字を使用していないか		

STEP 4 メールの返信

1 返信するときのマナー

受信したメールに返事を出すことを**「返信」**といいます。メールを返信するときは、送信者への気づかいが大切です。次のような点に配慮しましょう。

■早めに返信する

返事が必要なメールには、できるだけ早く返信します。受信者からなかなか返事が来ないと、送信者は、メールが届いたのか、読んでもらえたのかが、わからず不安になります。確認や検討が必要だったり忙しかったりしてすぐに回答できないときは、いつまでに回答できそうかを先に返信しておくとよいでしょう。

```
<例>
ABCコーポレーション　青山様

いつもお世話になっております。
昨日、スケジュールを受け取りました。
確認事項については、本日中にご連絡いたします。
藤村

>株式会社○○開発　藤村様
>
>いつもお世話になっております。
>先日、○×開発スケジュールをお送りしましたが、
>ご覧いただけましたでしょうか？
>
>確認事項が2点あります。
>1. 工程順序の変更はございませんか？
>2. 納品日の変更はございませんか？
                                        ：
```

■全員に返信する

受信したメールでCCに指定されている人がいたら、送信者はこれらの人と情報を共有しておきたいのだと考えましょう。したがって、返信する際には送信者だけでなく、CCに指定されている人も含めて全員に返信します。ただし、CCに含まれている人はCCのまま返信します。

> **POINT ▶▶▶**
>
> ### 返信するメールの件名
>
> メールソフトの返信機能を使うと、返信するメールの件名には、受信したメールの件名がそのまま表示されます。また、件名の先頭には、返信を表す「RE：」が自動的に表示されます。相手がメールを受け取ったときに、何に対しての返事なのかがひと目でわかるので、削除する必要はありません。

2 引用の活用

メールを返信するときは、新規に返信用のメールを作成するのではなく、受信したメールを使用して返信するのが一般的です。これを**「引用」**といいます。引用すると、送信側は効率よく返信メールを作成でき、受信側は自分が書いた文章を同時に確認することで、内容をすばやく理解できます。

一般的に、メールソフトの返信機能を使うと、本文に受信したメールの内容が表示されます。これが引用文です。引用文に**「引用記号（「>」など）」**を表示するようにメールソフトを設定すると、返信する文章（返信文）と区別できます。

引用するときのマナーには、次のようなものがあります。

■引用文と返信文を対応させる

送られてきた文章に対応させて返事を書くと、会話のように受け答えができ、何に対しての返事なのかがわかりやすくなります。回答すべき内容が複数あるか、それぞれの回答が長くなりそうな場合などには、この方法を使うとよいでしょう。

```
<例>
ABCコーポレーション　青山様

いつもお世話になっております。
○×開発のスケジュールの確認事項について、ご回答いたします。

>先日、○×開発スケジュールをお送りしましたが、
>届いておりますでしょうか？

昨日、届きました。ありがとうございます。

>確認事項が2点あります。
>1. 足りない工程はございませんか？

チェック工程を1回追加してください。

>2. 納品日の変更はございませんか？

変更はございません。
                      ⋮
```

118

■引用を繰り返さない

引用を使った返信を繰り返すと、引用記号が多くなって読みにくくなり、重要な情報が埋もれてしまう可能性があります。引用は2回程度で終わらせるようにします。

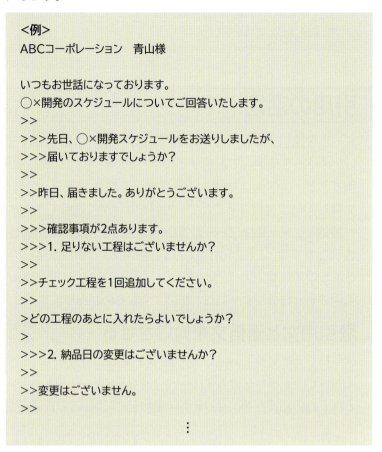

■引用文を変更しない

引用する必要がない文章を削除するのはかまいませんが、引用文そのものを勝手に変更してはいけません。

■返信文が少ないときは最初に書く

返信文が少ないときは、引用文の上にまとめて書きます。

```
<例>
ABCコーポレーション　青山様

いつもお世話になっております。
工程、納品日ともに変更はございません。
このスケジュールにて作業に入らせていただきます。
藤村

>株式会社○○開発　藤村様
>
>いつもお世話になっております。
>先日、○×開発スケジュールをお送りしましたが、
>ご覧いただけましたでしょうか？
>
>確認事項が2点あります。
>1. 工程順序の変更はございませんか？
>2. 納品日の変更はございませんか？
>
>ご回答の程、よろしくお願いいたします。
              ⋮
```

POINT ▶▶▶
引用を想定した書き方

相手の返事を必要とする内容が複数ある場合は、段落を分けたり箇条書きにしたりして、受信者が返信する際に引用しやすいように配慮して書きます。

POINT ▶▶▶
携帯電話への返信

相手がメールを携帯電話で受信することがわかっている場合は、文章を引用しないように配慮します。文章が長いと読むのが大変なうえ、文字数に制限があり、すべて表示できない場合があります。

事例で考えるビジネスマナー

メールの返信

Lさんは、お客様からのメールに、次のような返信をしました。情報を共有しておきたかったため、CCにはお客様と面識のない取引先のMさんを指定しておきました。

件名：ご回答

宛先：お客様
ＣＣ ：取引先のMさん

XX商事　○○様

いつもお世話になっております。
お見積もりいただいた○×について、ご回答いたします。

先日お送りしたFAXは、届いておりますでしょうか？

無事、届いております。ありがとうございました。

1. 記載されていた個数に過不足はないでしょうか？

△△を10個追加してください。

2. 納品場所はいつもの○×倉庫でよろしいでしょうか？

今回は、納品場所を次のように変更してください。
　　　　　　　　　　　　　　⋮

■**この事例について、次の項目を考えてみましょう。**　　解説 ▶ P.191

	チェック項目	YES	NO
❶	件名は正しかったですか	☑	☑
❷	取引先のMさんをCCに加えたのは正しかったですか	☑	☑
❸	引用の仕方は正しかったですか	☑	☑

STEP 5 メールの転送

1 転送するときのマナー

受信したメールを第三者に送信することを**「転送」**といいます。メールの内容を知らせておきたい人へ転送すると、簡単に情報を共有することができます。
メールを転送するときのマナーには、次のようなものがあります。

■むやみに転送しない

送信者に断りもなく、転送しないようにします。送信者の名誉が傷ついたり個人情報が漏れたりして、迷惑がかかる可能性があります。転送する場合は、送信者の承諾を得るようにしましょう。

■転送する文章を変更しない

転送する相手に知らせる必要がない文章は、削除してもかまいません。ただし、転送する文章そのものを変更してはいけません。転送する文章に追加や間違いがあった場合は、内容を補足しておきます。

```
<例>
リーダー各位

お疲れさまです。
今月のリーダー会の日時が決まりましたので、
詳細を転送します。
なお、以下の議題以外に、チームメンバーの
入れ替えについても検討する予定です。
よろしくお願いします。

野村

>野村様
>
>お疲れさまです。
>今月のリーダー会の日時が決まりました。
>営業部のリーダーへ連絡をお願いします。
>
>日時：2月20日（水）10：00～12：00
>場所：第二会議室
>議題：(1) 各チーム進捗報告
>　　　(2) 来年度予算案
>　　　(3) 新商品紹介
                        ：
```

122

■一言コメントを添える

転送とはいえ、受信者の名前や前文なしに送りつけるのは失礼です。どのような意図で転送されたのかがわからず、読まれない可能性もあります。
本文の最初に、転送した理由や補足したいことなど、一言コメントを添えて転送するようにします。

> <例>
> 関係者各位
>
> お疲れさまです。
> ABC商事の担当者が代わるそうです。
>
> 横田
>
> >横田様
> >
> >いつもお世話になっております。
> >ABC商事の田辺でございます。
> >
> >このたび、関西支店に異動することになりました。
> >後任は、佐藤　太郎になります。
> >つきましては、来週、新しい担当者とごあいさつに
> >伺いたいのですが、ご都合はいかがでしょうか。
>
>

POINT ▶▶▶
転送するメールの件名

メールソフトの転送機能を使うと、転送するメールの件名には、受信したメールの件名がそのまま表示されます。また、件名の先頭には、転送を表す「FW：」が自動的に表示されます。相手がメールを受け取ったときに、転送されたメールであることがひと目でわかるので、削除する必要はありません。

第5章　ビジネスメールの基本マナー

STEP 6 よくあるミス

1 メールでの失敗

メールは文字だけの情報に頼るため、意図したことが正確に伝わらない可能性があります。例えば、怒ってもいないのに怒っているように解釈されたり、逆に苦情を伝えたつもりが深刻に受け止めてもらえなかったりといったことが発生しかねません。いったん送信したメールは取り戻せないことをよく認識しておくことが大切です。また、重要な用件はメールだけで済ませずに、電話をして、読んでもらえたか内容が伝わったかを確認しておくと、トラブルを未然に防ぐことができます。

メールでよくありがちな失敗と対応例は、次のとおりです。

■メールが戻ってきたとき

入力したメールアドレスが間違っていたり、メールアドレスが変更されていて使われていなかったりすると、宛先不明でメールが戻ってきます。まずは、入力したメールアドレスが間違っていなかったかどうか確認します。間違っていないようであれば、メールアドレスを知っている人に確認するか、直接本人に確認します。

■間違った相手に送信したとき

間違った相手にメールを送信してしまったときは、間違えて送信してしまった相手にお詫びをしたうえで、削除してもらいます。相手に迷惑がかかるだけでなく、会社の情報などが漏れてしまう可能性もあります。重要なメールを送るときは、宛先には十分注意しましょう。

■添付ファイルを忘れて送信したとき

添付ファイルを忘れて送信してしまったときは、同じ件名の頭に**「再送」**と付け加え、添付し忘れたことだけを書いて再送信します。また、添付ファイルをよく忘れてしまう人は、先にファイルを添付してから本文を入力するとよいでしょう。

■受信したメールを削除したとき

重要なメールを誤って削除してしまったときは、送信者にお詫びをして再送信してもらいます。送信者がお客様である場合は、同じメールを受信した可能性がある人に確認し、もし受信していれば転送してもらいましょう。

124

参考学習 セキュリティ対策

1 セキュリティとは

「**セキュリティ**」とは、安全を維持することです。インターネットやパソコンを安全に利用するためには、セキュリティ対策が不可欠です。セキュリティ対策を甘く見ると、悪意のある第三者にネットワークに不正に侵入されたり、会社の重要な情報が漏れたりなど、取り返しのつかない事態に発展しかねません。一人ひとりがセキュリティの重要性を認識することが重要です。

2 セキュリティ対策

セキュリティ対策には、次のようなものがあります。

■ユーザー認証

システムへの不正なアクセスをソフトウェア側で防御する方法には、「**ユーザー認証**」があります。ユーザー認証は、正当なシステムの利用者であるかを確認することを目的としています。最も基本的なものとしては、「**ユーザーID**」と「**パスワード**」の組み合わせで確認する方法です。

ユーザーIDとは、システムの利用者を識別するために与えられた利用者名のことです。パスワードとは、正当な利用者であることを認証するためのものです。この2つの組み合わせが一致した場合に、システムの利用を許可する仕組みになっています。したがって、パスワードは、生年月日や電話番号などの身近な情報を使わず、英字の大文字と小文字、数字、記号などを組み合わせ、他人に推測されないように設定します。ユーザーIDとパスワードの貸し借りは、絶対にしてはいけません。

> **!) POINT ▶▶▶**
>
> **生体認証（バイオメトリクス認証）**
>
> 本人確認を行う方法には、パスワードの代わりに、指紋や顔、眼球の虹彩といった人間の身体的特徴を利用するものもあります。このような認証方法を「生体認証」または「バイオメトリクス認証」といいます。身体的特徴を使って本人を識別するため、安全性が高く、なおかつ忘れないという特徴があります。代表的な生体認証には、指紋認証、静脈認証、顔認証、網膜認証、虹彩認証、声紋認証などがあります。

■ウイルス対策

「**ウイルス**」とは、インターネットやメールを介してパソコンに侵入し、パソコン内のデータを破壊したり、ほかのパソコンに増殖したりする悪意のあるプログラムのことです。

ウイルスからパソコンを守るための最も効果的な手段は、「**ウイルス対策ソフト**」を使うことです。ウイルス対策ソフトを使う場合は、次のことに注意しましょう。

◆ウイルス定義ファイルの更新

ウイルス対策ソフトでは、ウイルス定義ファイルを使ってウイルスを検出します。ウイルス定義ファイルが最新のものでないと、新しいウイルスを検出できません。ウイルス定義ファイルはウイルス対策ソフトの開発メーカーから提供されます。ウイルス対策ソフトを使ってダウンロードしたり、メーカーのホームページからダウンロードしたりします。

◆定期的なウイルスチェック

ウイルス定義ファイルを最新に更新していても、ウイルスチェックをしないと意味がありません。ウイルスチェックは毎日行うようにしましょう。インターネットからダウンロードしたファイルやメールの添付ファイル、またはUSBメモリやSDカードなどのリムーバブルディスクは、開く前に必ずウイルスチェックを行う習慣をつけましょう。

◆メールの添付ファイルのチェック

メールを介してウイルスが侵入する場合もあります。その原因のほとんどが添付ファイルです。見覚えのない人から届いたメールに添付ファイルが付いていた場合は、絶対に添付ファイルを開いてはいけません。最近では、メールをプレビューするだけでウイルスに感染する場合もあるので。メールソフトのプレビュー機能を無効にしておくとよいでしょう。

■データのバックアップ

ウイルス感染などにより、パソコンが起動しなくなる、データが消失してしまうといったトラブルが発生する可能性があります。万一に備えて、重要なデータは、別のハードディスクやDVDなどにバックアップを取るようにします。

■セキュリティ修正プログラムの適用

OSやアプリは安全性を考慮して作られていますが、開発段階では想定していないセキュリティ上の弱点が残されている可能性があります。このセキュリティ上の弱点のことを**「セキュリティホール」**といいます。そのままにしておくと、外部からのセキュリティホールを狙った攻撃にさらされる危険性が高まります。OSやアプリのセキュリティホールは、日々新たに報告されており、その情報はソフトウェアを開発したメーカーのホームページなどに掲載されています。定期的にチェックし、修正プログラムがあれば適用することが重要です。

> **POINT ▶▶▶**
>
> ### Windows Update
>
> Windows系OSのセキュリティホールに修正プログラムを適用する方法として、「Windows Update」があります。インターネット接続が可能な環境で、Windows Updateを実行すると、現在利用しているOSの状態をチェックし、必要な修正プログラムが適用されます。

■サーバ側でのウイルス対策

社内のユーザーにウイルス対策の徹底を呼びかけることも大事な役割ですが、メールサーバにウイルス対策ソフトを導入してメールからのウイルス感染を回避するなど、全社的な取り組みを考える必要があります。

■ファイアウォールの設定

「ファイアウォール」とは、組織内ネットワーク(LAN)とインターネットを接続する際に、外部からの不正アクセスを防ぐ目的で設置されるものです。逆に、内部からインターネットへ接続するときは、インターネットを利用してもよいユーザーIDであるか、禁止されているインターネットのホームページを閲覧しようとしていないかなどの監視が行えます。
ファイアウォールの名称は、火事の際に延焼を防ぐ目的で設置される**「防火壁」**に由来しています。

■ログファイルの取得

「ログファイル」とは、パソコンへのアクセス内容やアクセス情報を記録したファイルのことです。ログファイル自体では不正アクセスを防ぐことはできませんが、サーバなどにアクセスした記録を残すことができるため、自社のネットワークへの不正なアクセスがないかどうか、追跡調査を行うことができます。

3　ウイルスの脅威

ネットワークの普及や技術の進化に伴って、高度なセキュリティ対策が可能になる一方で、その隙を狙う手口も巧みになっており、常にセキュリティ対策とウイルスのいたちごっこが繰り広げられています。

ネットワークのどこかでウイルス感染が発生すると、あっという間に被害が広がり、ビジネスに多大な影響を与えかねません。ウイルスによる被害がどれほど脅威であるかを知り、日ごろから対策を怠らないことが大切です。自分のパソコンがウイルスに感染していることに気づかずに、ほかの人にデータを渡したりメールを送信したりすると、加害者になることもあるので注意しましょう。

■ウイルスの機能

ウイルスの機能には、次のようなものがあります。

機能	説明
発病機能	プログラムやデータの破壊、システムの誤動作などを引き起こす
自己伝染機能	自らをほかのパソコンなどにコピーして増殖する
潜伏機能	一定時間の経過後や特定の日時に発病する

■ウイルスの感染経路

ウイルスに感染する経路には、次のようなものがあります。

- ●メールに添付されたファイルを開いたとき
- ●インターネットからデータやプログラムをダウンロードしたとき
- ●悪意のあるホームページを閲覧したとき
- ●ネットワーク上で共有しているファイルを開いたとき
- ●USBメモリなどに保存されたデータを開いたり実行したりしたとき

■ウイルスに感染したときの症状

ウイルスに感染したときに現れる症状には、次のようなものがあります。

- ●パソコンの動作が遅くなる
- ●パソコンが自動的にシャットダウンしてしまう
- ●パソコンが起動できなくなる
- ●何も実行していないのに、ドライブのライトが点滅し続ける
- ●知らない間にファイルが削除されていたり、ファイルが増えていたりする
- ●画面上に見たことのない画像が表示される
- ●知らない間にメールが転送されている

■ウイルスの被害にあった場合

ウイルスに感染しないための予防策を講じていても、被害にあわないとは限りません。ウイルスを発見したり、被害にあったりしたときには、感染の可能性のあるパソコンをネットワークから切り離し、ウイルス対策ソフトなどを使ってウイルスを駆除します。また、システム管理者や担当部門に速やかに現状を報告し、適切な処置を行います。

POINT ▶▶▶
情報処理推進機構（IPA）

情報処理推進機構では、ウイルスの被害の拡大や再発を防ぐために、情報セキュリティに関する情報収集、調査分析、研究開発を行っています。ウイルスを発見したり、ウイルスに感染したりした場合は、情報処理推進機構に届け出ましょう。

https：//www.ipa.go.jp/

標的型攻撃メールによる情報漏えい

「標的型攻撃メール」とは、特定の組織や個人を狙って送りつけられる悪意のあるメールのことです。攻撃者は、標的とする組織や個人について綿密に調査したうえで、通常の業務の依頼であるかのように見せかけたメールを送り、受信者をだまします。メールには、ウイルスが仕込まれたファイルが添付されていたり、メールの本文に書かれたURLをクリックすることでウイルスに感染させたりするという仕掛けが施されています。受信者の知り合いなどの人物になりすましてメールを送付するケースや、数回のメールのやり取りを行い受信者が疑っていないことを確認してからウイルスメールを送りつけるなどの手口もあるため、被害が拡大しています。攻撃者の目的は、単にウイルスを送りつけることではなく、攻撃対象の組織のネットワークに侵入し、情報を盗み出すことです。
送信者が知り合いであっても、不審なメールはすぐに開いたりせずに、送信者に確認し、送信した覚えがないと言われた場合はメールを開かずに削除しましょう。

事例で考えるビジネスマナー

ウイルス対策

Nさんの会社では、各パソコンにウイルス対策ソフトをインストールすることが義務付けられています。しかし、同じ経理部の先輩がウイルス対策ソフトをインストールしていなかったので、Nさんもインストールせずにパソコンを利用していました。

ある日、Nさんを含む経理部の大多数のパソコンの処理が異常に遅くなり、業務に支障をきたすほどの事態が起きました。調査した結果、ウイルスに感染しており、いくつかのファイルが削除されていることがわかりました。Nさんは、削除されたファイルを作り直すことになり、本来の業務がしばらくできませんでした。

■この事例について、次の項目を考えてみましょう。 　解説▶P.192

	チェック項目	YES	NO
❶	経理部のウイルス対策は正しかったですか	☐	☐
❷	削除されたファイルを作り直さずに済む方法はありますか	☐	☐

🏆 実践問題　ウイルス対策について、次の項目を確認しましょう。

1	ウイルス対策ソフトを導入していますか	☐
2	ウイルス定義ファイルを定期的に更新していますか	☐
3	毎日、ウイルスチェックをしていますか	☐
4	受信した添付ファイルは、開く前にウイルスチェックをしていますか	☐
5	社外から持ち込んだファイルは、開く前にウイルスチェックをしていますか	☐
6	インターネットからダウンロードしたファイルは、開く前にウイルスチェックをしていますか	☐
7	ウイルスの被害にあったときの連絡先（担当部門）などは、わかっていますか	☐

130

4 情報漏えいの対策

会社の中には、新商品の開発計画や設計情報、技術情報、個人情報など、外部に漏れてはいけない情報がたくさんあります。適切なセキュリティ対策などを通じて、これらの情報を保護するだけではなく、社内外の人との様々なやり取りの中でも、会社の一員であることを認識し、ルールに従った適切な行動を心掛けましょう。会社として守るべき重要な情報には、**「個人情報」**と**「機密情報」**があります。

■ 個人情報の保護

「個人情報」とは、個人を特定するのに必要な名前や生年月日、住所、電話番号、メールアドレスなどの情報です。

ビジネスは、社内の人はもちろん、お客様や取引先など、様々な人間関係で成り立っており、多かれ少なかれ個人情報を扱っています。その取り扱いを一歩間違えると、会社全体の信用を失うことになりかねません。個人情報の取り扱いについて正しく理解し、モラルを持って適切に活用していく必要があります。

個人情報を取得するときの、主な注意点は次のとおりです。

- ●個人情報は本人から取得する
- ●個人情報の本人が子供の場合は、親の同意を得てから取得する
- ●病歴や信条などの要配慮個人情報は、本人の同意を得てから取得する
- ●個人情報を取得する際は、個人情報の利用目的を明確にし、本人へ利用目的を通知または公表したうえで取得する
- ●子供などの十分な判断能力がない者から家族の個人情報を取得しない
- ●個人情報の提供を強要して取得しない
- ●不正な方法で個人情報を取得している名簿業者などから個人情報を取得しない

個人情報を利用するときの、主な注意点は次のとおりです。

- ●個人情報を本来の利用目的とは異なる目的で利用しない
- ●個人情報を本来の利用目的とは異なる目的で利用する場合は、事前に本人に通知し、同意を得る
- ●個人情報を第三者に提供する場合は、提供先での利用目的を明確にしたうえで、本人に通知し、同意を得る
- ●個人情報の取り扱いを外部業者に委託する場合、しっかりと監督する必要がある
- ●ビッグデータとして個人情報を活用する場合は、本人を識別できる情報（氏名・生年月日など）を削除したり、復元できないように加工したりする

■機密情報の保持

外部に知られることで、自社にとって不利益になるような重要な情報を**「機密情報」**といいます。例えば、独自の技術を開発した会社は、その技術やノウハウを他社に握られることによって、競争力を失うことになります。したがって、社員自らが機密情報を外部に漏らし、会社に不利益を与えることがあってはなりません。取引先など、仕事を進めるうえで機密情報を共有する必要がある場合には、**「機密保持契約」**を結びます。

機密情報を取り扱うときの主な注意点は、次のとおりです。

- 機密情報の入ったパソコンにはパスワードを設定する
- 機密情報の書かれた書類は厳重に保管する
- 機密情報の入ったパソコンやUSBメモリなどの置き忘れに気を付ける
- お客様の前や電車など公共の場で、機密情報の書かれた書類を広げない
- エレベーター内や通路などで社内の情報を話さない
- メールの送信ミスに気を付ける

SNS投稿時の注意点

「SNS」とは、ソーシャルネットワーキングサービスの略で、ユーザー登録を行った利用者同士が交流することを目的としたコミュニティ型サイトのことです。代表的なものに、TwitterやFacebook、Instagramなどがあります。SNSは、誰もが気軽にメッセージや写真などの情報を発信できるツールです。しかし、SNSは軽い気持ちで投稿した内容でも、不特定多数の人が見ているため、受け取り方によってはトラブルに発展することもあります。十分注意して投稿するようにしましょう。

SNSに投稿する際に注意したい点には、次のようなものがあります。
- 会社名や住所など個人が特定される情報は公開しない
- 写真や動画は、投稿する前に一緒に写っている人に確認する
- 会社の守秘義務に触れる内容は投稿しない
- 会社のイメージを損ねる内容は投稿しない
- 取引先や個人の名誉やプライバシーに関わるような誹謗中傷などの投稿はしない
- 著作権を侵害する情報は投稿しない

5 スマートデバイスのセキュリティ対策

スマートフォンやタブレット端末などのインターネットに接続できる携帯端末のことを「スマートデバイス」といいます。スマートデバイスは、パソコンと同等、または、それ以上の機能を持っているうえに、電話機能も付いているため、業務に活用するシーンも増えています。スマートデバイスならではのセキュリティ事故も多発しているため、次のようなセキュリティ対策を講じておきましょう。

■盗難・紛失時の対策を行う

スマートデバイスは、持ち運びを前提とした運用が行われるため、盗難・紛失の際の対策をしっかりと考えておきましょう。
盗難・紛失時の対策には、次のようなものがあります。

◆パスワードの設定

スマートデバイスにもパスワードを設定しましょう。パスワードを設定しておけば、第三者による使用や、盗難・紛失時にデータの流出を困難にすることができます。スマートデバイスでは、通常の文字列のパスワードのほかに、指紋認証や顔認証などのバイオメトリクス認証を設定することもできます。会社の方針にしたがって、適切なパスワードを設定しましょう。

◆重要な情報は保存しない

個人情報や機密情報などの重要な情報はできる限り保存せず、保存した場合でも使い終わったらすぐに削除するようにしましょう。

◆ローカルワイプ・リモートワイプなどの機能の設定

端末のロック解除のパスワードを一定回数連続して間違えるとすべてのデータを削除する「ローカルワイプ」や、遠隔地から通信回線を通じてすべてのデータを削除する「リモートワイプ」などの機能を設定しておきましょう。

■ウイルス対策の導入

スマートデバイスはアドレス帳などの個人情報が登録されているにも関わらず、パソコンほどセキュリティに対する意識が高くないため、悪意のあるユーザーの標的になりやすくなっています。不正なプログラムも数多く発見されているので、パソコン同様に、ウイルス対策ソフトの導入が必要です。

■アドレス帳に連絡先を登録する際の注意点

スマートデバイスのアドレス帳を狙う悪意のあるアプリが急増しています。
アドレス帳に連絡先を登録する際には、次のような点に注意しましょう。

●フルネームでは登録しない
●会社名などの所属情報は略称で登録する
●役職名は記載しない
●会社名が特定できるようなメールアドレスの場合、アカウント名（@より前）だけを登録する

■Wi-Fiアクセスポイントの注意点

スマートデバイスでは、Wi-Fiアクセスポイントを利用して通信する場合も多くあります。「Wi-Fi」とは、スマートデバイスなどを無線（ワイヤレス）でインターネットに接続することです。
街中にある無料のWi-Fiアクセスポイントには、悪意のあるユーザーが盗聴目的で提供しているものもあるので、どのような事業者が提供しているサービスなのかを調べたうえで、セキュリティ対策がしっかりと行われているところを選択するようにします。
Wi-Fiアクセスポイントを使う際には、次のような点に注意しましょう。

●会社が許可していないWi-Fiアクセスポイントには接続しない
●暗号化されているWi-Fiアクセスポイントを使う
●ユーザーID、パスワードなどの個人情報を入力するようなホームページにはアクセスしない
●重要な情報が書かれているメールの送受信はしない

POINT ▶▶▶

モバイルWi-Fiルータ

「モバイルWi-Fiルータ」を使うと、ケーブルを使わずに自宅や外出先などでインターネットを利用できます。モバイルWi-Fiルータは、コンパクトで持ち運びが容易なうえ、高速通信が可能であるのが特徴です。モバイルWi-Fiルータは、購入することも、インターネット回線事業者からレンタルすることもできます。

Exercise 確認問題

解答 ▶ P.184

第5章　ビジネスメールの基本マナー

次の文章を読んで、正しいものには○、正しくないものには✕を付けましょう。

1. ビジネスメールは用件だけ書けばよいので、あいさつは不要である。

2. メールアドレスは、「ユーザー名＠ドメイン名」で構成されている。

3. メールのテキスト形式とは、背景を付けたり文字の大きさや色などの書式を設定したりできる形式のことである。

4. 面識がない人にメールを送る場合は、最初に簡単な自己紹介を書くとよい。

5. メールの内容に情報不足や入力ミスがあったときは、相手から電話がかかってくるので気にしなくてよい。

6. メールは、送信すると取り戻すことはできない。

7. 受信したメールを使用して返信することを引用という。

8. メールを転送するとき、受信したメールに間違いがあれば修正したほうがよい。

9. 重要な用件はメールを送信したあと、メールを読んだか、内容が伝わったかを電話で確認するとよい。

10. 添付ファイルとは、パソコン内のデータを破壊したり、ほかのパソコンに増殖したりする悪意のあるプログラムのことである。

135

Chapter

■第6章■
ビジネス文書の
基礎知識

ビジネス文書の種類や基本的な書き方について説明します。

STEP1 ビジネス文書の概要	137
STEP2 ビジネス文書の基本形	143
STEP3 文章の書き方	148
STEP4 文書の提出と保管	157
参考学習 情報資産と知的財産権	160
確認問題	165

STEP 1 ビジネス文書の概要

1 ビジネス文書とは

「**ビジネス文書**」とは、日々の仕事を円滑に進めるために必要な書類のことです。文書化することで情報を正確に伝達したり、共有したりすることができます。また、トラブルが発生した場合などには証拠書類となり、責任の所在を明らかにすることもできます。

ビジネス文書の最も重要な役割は、用件を正確に、かつ客観的に伝えることです。そのため、ビジネス文書は誰が読んでも、同じように解釈できるものである必要があります。明確な目的にもとに、要点が整理された説得力のある文書を作成しましょう。

ビジネス文書を作成する目的には、次のようなものがあります。

●関係者に事実や連絡事項を正確に伝える
●文書化して記録を残す
●相手に自分の考えや気持ちを理解してもらう
●関係者の同意や承認を求める
●なんらかの改善を求める
●何かを依頼して実行してもらう

POINT ▶▶▶

文書化することの意義

ビジネス文書には、用件を正確に、かつ客観的に伝える役割のほかに、情報を記録したり蓄積したりする役割があります。
文書化することの意義には、次のようなものがあります。

●言い間違い、聞き間違い、勘違いなどのトラブルを回避する
●正確な情報を確実、かつ迅速に伝える
●複数の関係者と有用な情報を共有する
●必要に応じて記録を確認できるようにする
●正確な情報に基づく客観的な判断を促す
●活動の成果を比較検証する

2 ビジネス文書の種類

ビジネス文書は、目的に応じて様々な種類があります。中には、法的な拘束力を伴うものもあります。大きく分けると「**社内文書**」と「**社外文書**」があります。

■社内文書の種類

社内向けの文書には、主に次のようなものがあります。

種類	目的	ポイント
報告書	経過や結果を報告する 例)「受講報告書」「出張報告書」など	最後に所感を書く
稟議書	関係者に案を回して承認を求める 例)「○○購入の稟議書」「アルバイト採用の稟議書」など	決裁されるまでの時間を考慮し、早めに提出する
議事録	会議で検討した事項や結果を記録する 例)「営業会議議事録」「企画会議議事録」など	議題、議長、出席者、決定事項を明記する
依頼書	協力を求めたり連絡事項を伝えたりする 例)「アンケート調査の依頼」「○○会議開催の連絡」など	依頼する経緯、理由、目的を明記する
通知書	相手に知ってもらうべきことを伝える 例)「人事異動」「採用通知書」など	簡潔かつ明瞭に書く
届出書	個人的な事情について会社に届け出る 例)「結婚届」「出生届」「退職届」など	届け出るべき内容を明記する
提案書	問題や課題の解決に向けた方向性を示す 例)「新システム導入の提案」「災害対策改善の提案」など	情報を整理して、論理的に説明する
企画書	新しい考えを提案する 例)「イベント企画書」「PR企画書」など	情報を整理して、論理的に説明する
手順書	操作や作業の手順を説明する 例)「作業手順書」「品質評価手順書」など	利用者の視点で記載する

■社外文書の種類

社外向けの文書には、主に次のようなものがあります。

種類	目的	ポイント
挨拶状	社内の出来事を社外へ伝える（あいさつに重点を置く場合） 例）「会社設立のご挨拶」「業務提携のご挨拶」など	あいさつが遅れないように出す時期に注意する
通知状	社内の出来事を社外へ伝える（事務的な連絡を伝える場合） 例）「臨時休業のお知らせ」「価格変更のお知らせ」など	一方的な書き方にならないように注意する
案内状	会合などへの参加を求める 例）「説明会のご案内」「展示会のご案内」など	相手が出席したくなるような文章を書く
招待状	催し物への参加を求める 例）「祝賀会のご招待」「式典のご招待」など	相手が出席したくなるような文章を書く
依頼状	依頼したり交渉したりする 例）「協力依頼」「見積もり依頼」など	依頼する経緯、理由、目的を明記する
照会状	不明な点を問い合わせて、的確な回答を得る 例）「取引条件の照会」「在庫の照会」など	問い合わせ内容と理由を明記する
お礼状	感謝の気持ちを伝える 例）「就任祝いへのお礼」「展示会来場へのお礼」など	礼儀をわきまえた丁寧な文章を心掛けて書く
お詫び状	お詫びの気持ちを伝える 例）「不具合のお詫び」「納品遅延のお詫び」など	礼儀をわきまえた丁寧な文章を心掛けて書く
企画書	新しい考えを提案する 例）「PR企画書」「イベント企画書」など	相手が賛同したくなるように見栄えにもこだわる
契約書	契約の成立を証明する 例）「取引契約書」「業務委託契約書」など	あらゆる事態を想定して内容を決める
見積書	商品やサービスの価格を算出する	見積もる商品の名称、数量、価格、見積条件などを明記する
注文書	商品を発注したことを証明する	注文する商品の名称、数量、価格、納期、納品方法などを明記する
納品書	商品を納品したことを証明する	納品した商品の名称、数量、価格、納品日を明記する
請求書	商品やサービスの代金を請求する	販売した商品の名称、数量、価格などを明記する

3 ビジネス文書の書き方のポイント

ビジネス文書の基本は、「**正確**」「**簡潔**」「**明確**」の3つです。どれかひとつでも欠けると、読み手は間違った解釈をしてしまったり、理解できなかったりします。ビジネス文書の書き方のポイントには、次のようなものがあります。

■A4用紙に横書き

一般的にA4用紙を縦長に使い、横書きで書きます。儀礼的な挨拶状や案内状などは、縦書きで書く場合もあります。簡単な連絡や報告などの場合は、できるだけ1枚に収めるようにします。

■1つの文書に1つの用件

基本的に、1つの文書には1つの用件を書きます。あとでテーマ別にファイリングでき、管理しやすいというメリットもあります。何を伝えなければいけないのか、相手に何を求めるのか、目的を見失わないようにすることが大切です。

■必要最低限の文章量

読み手ができるだけ短い時間で内容を把握できるように、必要最低限のボリュームにまとめます。長い文章は、なかなか読む気が起こらないものです。1つの文章をできるだけ短くすると同時に、必要以上に文書の枚数が多くならないように注意しましょう。

■読み手の行動を喚起する文章

ビジネス文書は、読み手に内容を理解してもらうだけでなく、その先に、なんらかの行動を喚起する目的で作成されます。読み手が誰であるのかを意識するとともに、最後まで目的を見失わないようにし、文書で何を伝えなければならないのか、読み手に何を求めるのかを考えるようにしましょう。また、読み手の知識レベルを考慮することも大切です。

■わかりやすい文章

誰が読んでもわかる文章にします。読み手が誰であるかを念頭に置き、相手が確実に理解できるような表現や用語を選びます。読み手によって解釈が変わってしまうような、あいまいな表現は避けましょう。

■5W2Hを意識する

When（いつ）、Where（どこで）、Who（誰が）、What（何を）、Why（なぜ）、How（どのように）、How much（いくらで）を意識して書きます。

■箇条書きの利用

伝えたい内容が複雑な場合や、要素が複数あるような場合は、箇条書きにしてまとめます。文書にメリハリがつき、ポイントがわかりやすくなります。

■段落分け

読み手の目線に立ち、適度な分量で簡潔にまとめるようにします。それでも伝えるべきことが多い場合は、文章の前後関係を踏まえて、改行したり1行空けたりします。ただし、改行が多すぎると、かえって読みにくくなるので注意しましょう。

■文体の統一

文体は文書全体で統一します。社内文書では常体、敬体を使い、社外文書では敬体、特別敬体を使います。

常体	敬体	特別敬体
いる	います	おります
ある	あります	ございます
する	します	いたします
思う	思います	存じます

POINT ▶▶▶

共有文書の活用

文書を一から作成すると時間がかかってしまいます。そこで、会社によっては、ひな型となる文書を共有サーバや社内掲示板などに保存している場合があります。
共有文書を利用する場合は、必ず自分のパソコンにいったんコピーしてから内容を書き換えます。共有文書を直接書き換えてしまわないように注意しましょう。

実践問題 ビジネス文書について、確認しましょう。 解答 ▶ P.185

●社内文書の目的と種類を線で結んでみましょう。

①販売会議で会議の内容を記録する　・　　・報告書
②開発に必要なパソコンを購入したい　・　　・議事録
③新商品説明会を開催した結果を書く　・　　・通知書
④イベント要員の支援を依頼したい　・　　・稟議書
⑤組織変更を伝えたい　　　　　　　・　　・依頼書

●社外文書の目的と種類を線で結んでみましょう。

⑥電話番号の変更を連絡したい　　　・　　・招待状
⑦講演会の案内を出したい　　　　　・　　・挨拶状
⑧最新の商品カタログが欲しい　　　・　　・案内状
⑨社名変更のあいさつをしたい　　　・　　・照会状
⑩創立記念パーティーに招待したい　・　　・依頼状
⑪商品が納入されないので確認したい　・　・通知状

●次の表の空欄を埋めてみましょう。

常体	敬体	特別敬体
する	⑫	⑬
ある	⑭	⑮
思う	⑯	⑰
いる	⑱	⑲

142

STEP 2 ビジネス文書の基本形

1 一般的な社内文書の体裁

社内向けの文書は、文書の作成者、もしくは作成者が所属している部署の正式な発言とみなされます。自らの発言に責任を持ち、所属部署の代表であるという自覚を持って作成しましょう。
社内文書の基本的な形式は、次のとおりです。

<例>

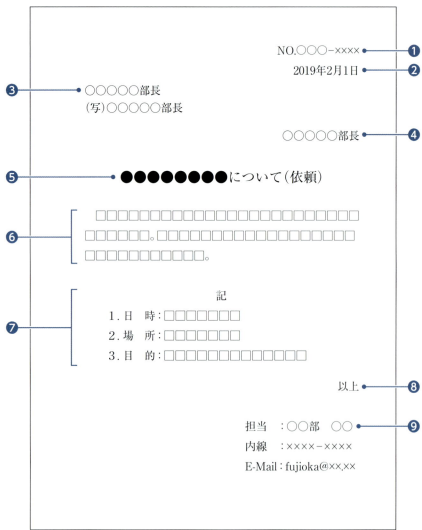

❶ 発信記号・発信番号

文書管理用の発信記号・発信番号を文書の右端上部に記載します。番号の付け方は、会社や組織のルールに従います。発信記号・発信番号は省略する場合もあります。

❷ 発信日付

原則として、作成日ではなく、発信当日の年月日を発信記号・発信番号の下に記載します。西暦で記載するか元号で記載するかは、会社や組織のルールに従い、文書内で統一します。

❸ 受信者名

原則として、受信者の役職名だけ、または受信者の部署名、名前（役職名）を発信日付の下に左揃えで記載します。複数名に宛てた文書の場合は**「各位」** **「関係者各位」**などと表記します。

❹ 発信者名

原則として、発信側の責任者の役職名だけ、または部署名（役職名）、名前を受信者名の下に右揃えで記載します。

❺ 表題

本文の内容がひと目でわかる表題を発信者名の下に中央揃えで記載します。

❻ 本文

用件だけを表題の下にできるだけ簡潔に記載します。頭語や結語、時候のあいさつなど、前文、末文は記載しません。別記を記載する場合は**「下記のとおり」**と書き、本文中に別記があることを知らせます。

❼ 別記

「記」を本文の下に中央揃えで記載し、続いて日付や場所、連絡事項などを箇条書きで記載します。

❽ 結語

「以上」と右揃えで記載します。

❾ 担当者名

担当者の名前と連絡先を右揃えで記載します。内線番号やメールアドレスなどの連絡先も記載します。

2 一般的な社外文書の体裁

社外向けの文書は、その会社の正式な発言とみなされます。会社の代表であるという自覚を持って作成しましょう。社内文書以上に慎重さが求められます。社外文書の基本的な形式は、次のとおりです。

<例>

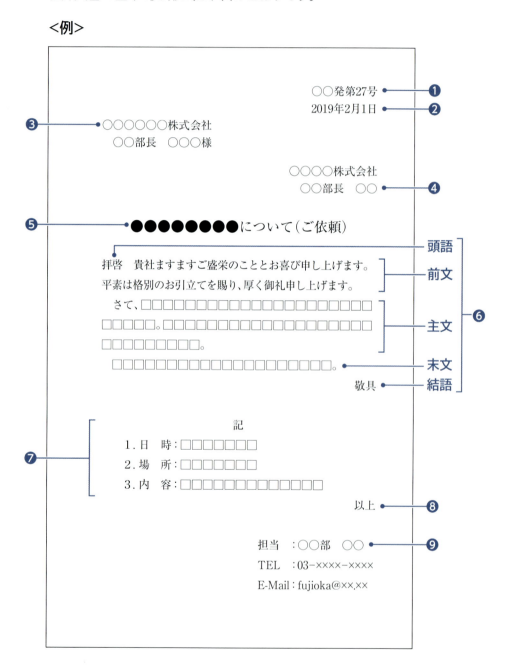

❶ 発信記号・発信番号

発信記号・発信番号を文書の右端上部に記載します。番号の付け方は、会社や組織のルールに従います。発信記号・発信番号は省略する場合もあります。

❷ 発信日付

原則として、作成日ではなく、発信当日の年月日を発信記号・発信番号の下に記載します。西暦で記載するか元号で記載するかは、会社や組織のルールに従い、文書内で統一します。

❸ 受信者名

原則として、受信者の会社名、部署名、役職名、名前を発信日付の下に左揃えで記載します。会社名の株式会社を（株）やK.K.などと表記したり、部署名を省略したりしないようにします。受信者が複数になる場合は、受信者ごとに別々に文書を作成します。

❹ 発信者名

原則として、発信側の責任者の会社名、部署名、役職名、名前を受信者名の下に右揃えで記載します。

❺ 表題

本文の内容がひと目でわかる表題を発信者名の下に中央揃えで記載します。

❻ 本文

表題の下に記載します。別記を記載する場合は、「**下記のとおり**」と書き、本文中に別記があることを知らせます。本文は、次の要素で構成します。

- ●頭語・・・「拝啓」「謹啓」「拝復」などを使う
- ●前文・・・時候のあいさつや相手の繁栄を祝す言葉を添える
- ●主文・・・結論を先に書き、わかりやすく簡潔に書く
- ●末文・・・締めくくりの言葉を本文の末尾に書く
- ●結語・・・「敬具」「謹白」などを使う

❼ 別記

「**記**」を本文の下に中央揃えで記載し、続いて日付や場所、連絡事項などを箇条書きで記載します。

❽ 別記結語

「以上」と右揃えで記載します。

❾ 担当者名

必要であれば、担当者の名前と連絡先を右揃えで記載します。電話番号やメールアドレスなどの連絡先も記載します。

時候のあいさつ

社外文書では、本文の最初にあいさつが入ります。時候のあいさつには、次のような四季折々のあいさつがあり、文書に季節感を添えたり親しみを持たせたりする効果があります。相手の立場や地位、相手との関係などを考慮しながら、うまく使い分けましょう。
また、文章の内容とのバランスも大切です。無理に堅苦しい表現を使うと、言葉だけがうわすべりしてしまい、逆に心がこもっていないように感じることもあります。

＜一般的な時候のあいさつの例＞

月	一般的なあいさつの例	やや打ち解けたあいさつの例
1月	厳寒の候、大寒の候、新春の候	寒さ厳しき折から
2月	立春の候、余寒の候、梅花の候	立春とは名ばかりですが
3月	早春の候、浅春の候、春分の候	だいぶ春めいてまいりましたが
4月	春暖の候、陽春の候、桜花の候	桜の花も咲きそろい
5月	新緑の候、薫風の候、初夏の候	若葉かおるころとなりましたが
6月	梅雨の候、向暑の候、短夜の候	うっとうしい季節になりましたが
7月	盛夏の候、炎暑の候、酷暑の候	暑さ厳しき折から
8月	残暑の候、晩夏の候、秋暑の候	風の音にも秋の訪れを感じる季節となり
9月	初秋の候、新秋の候、新涼の候	さわやかな季節となり
10月	秋冷の候、錦秋の候、仲秋の候	秋もいよいよ深まってまいりましたが
11月	晩秋の候、向寒の候、初霜の候	寒さが身にしみるころとなりましたが
12月	寒冷の候、師走の候、初冬の候	暮れもおしせまってまいりましたが

STEP 3 文章の書き方

1 主語と述語の使い方

「**主語**」と「**述語**」は、文章に最低限必要なものです。
主語と述語の使い方のポイントは、次のとおりです。

■主語と述語を近くに書く

主語と述語を近くに書くことで、「**何は**」「**どうした**」、「**何が**」「**どんなだ**」などが明確になります。

悪い例	良い例
当社の経営は、情報技術を活用しない限り赤字になるだろう。	情報技術を活用しない限り、当社の経営は赤字になるだろう。

■述語を省略しない

述語は省略できません。省略すると意味がわかりにくくなったり、意味が通じなくなったりします。

悪い例	良い例
商品Aの特長は、使いやすい。	商品Aの特長は、使いやすい点である。

■主語と述語を対応させる

読み手が主語を容易に推測できる場合に限り、主語を省略することができます。1文の中で主語が変わる場合や複数文でそれぞれ主語が違う場合は、省略できません。

悪い例	良い例
商品Yは初心者用である。次に、上級者用として開発する。	商品Yは初心者用である。次に、商品Zは上級者用として開発する。

2 修飾語の使い方

「**修飾語**」は、文章をわかりやすく表現するために欠かせない言葉です。
修飾語の使い方のポイントは、次のとおりです。

■修飾語と修飾される語句は近くに書く

修飾語の位置を間違えると、文章全体の意味が変わってしまいます。修飾語と修飾される語句を近くに書くとわかりやすくなります。

悪い例	良い例
新しいカメラのデザイン （「新しい」が「カメラ」と「デザイン」のどちらを修飾するのかわかりにくい）	新発売になったカメラのデザイン／ カメラの新しいデザイン

■修飾語を多用しない

1文に修飾語が多いと文章が長くなるため、かえってわかりにくくなります。長い文章は2つに分けるとよいでしょう。

悪い例	良い例
この春発売のバッグは若者に人気のピンク色の花柄で、機能性を重視してポケットを多く付けたデザインに決まった。	この春発売のバッグは、若者に人気のピンク色の花柄に決まった。機能性を重視してポケットを多く付けたデザインである。

■長い修飾語から順に記述する

長い修飾語から順に書くとわかりやすくなります。ただし、時や時間を表現する修飾語は、長さに関係なく前に置きます。

悪い例	良い例
新しい 情報技術動向を反映した 実施要項 （短い）　　　　（長い）	情報技術動向を反映した新しい実施要項
時代のニーズに応えた5月20日発売の自動車 　　　　　　　　（時を表す）	5月20日発売の時代のニーズに応えた自動車

3 助詞の使い方

「**助詞**」は、内容を理解するために必要な付属語です。
助詞の使い方のポイントは、次のとおりです。

■「は」と「が」

「**は**」は、主語を選別したり限定したりするときに使います。「**が**」は、行為や動作の主体を示すときに使います。

◆「は」の使い方

<例>「この時期は毎年忙しい。」

◆「が」の使い方

<例>「最初に課長が説明する。」

■「より」と「から」

「**より**」は、比較を表すときに使います。「**から**」は、起点を表すときに使います。

◆「より」の使い方

<例>「従来のサービスよりメニューが豊富になった。」

◆「から」の使い方

<例>「○○行きのバスは、A ターミナルから発車する。」

■「に」と「へ」

「**に**」は、到着点を表すときに使います。「**へ**」は、方向・広い範囲を表すときに使います。

◆「に」の使い方

<例>「私は、赤坂オフィスに出勤した。」

◆「へ」の使い方

<例>「明日から海外へ出張する。」

■「の」と「で」

「の」は、所有を表すときに使います。「で」は、場所や手段を表すときに使います。

◆「の」の使い方

<例>「私の名刺を渡す。」

◆「で」の使い方

<例>「横浜で研修を受ける。」
「新幹線で行く。」

4 接続詞の使い方

「接続詞」は、長い文章を分割したり、読み手に次の展開を予測させたりするときに使います。

接続詞の使い方のポイントは、次のとおりです。

■長い文章を分割する

接続詞を使うと、理解しにくい長い文章を2つに分け、1文を短くできます。

● …実施したから、売上が…。→ …実施した。だから、売上が…。
● …実施したため、売上が…。→ …実施した。そのため、売上が…。
● …実施したのに、売上が…。→ …実施した。ところが、売上が…。

■次の展開を予測させる

接続詞を使うと、読み手に次の話の展開を予測させたり、文章に流れを作ったりできます。

● …の改善策を提案した。しかし、（逆説）
● …の改善策を提案した。ところで、（転換）
● …の改善策を提案した。例えば、（例）
● …の改善策を提案した。また、（列挙）
● …の改善策を提案した。なお、（添加）

5　読点の使い方

「**読点**」は、文の区切りを明確にし、読みやすくするために使います。
読点の使い方のポイントは、次のとおりです。

■接続詞の後ろ

接続詞の後ろに入れます。

<例>「しかし、結果は想像以上でした。」

■主語の区分け

主語と述語が複数ある場合は、文を区切るために使用します。

<例>「佐藤さんは赤坂オフィスに行き、山本さんは横浜オフィスに行った。」

■原因・理由・動作などの区切り

原因、理由、動作などの区切りに入れます。

<例>「トップページが表示されたら、更新ボタンをクリックする。」

■列挙するときの区切り

列挙するときの区切りに入れます。

<例>「会社名、部署名、名前を明記する。」

■漢字・ひらがなが続くとき

漢字、ひらがなが続いて、読みにくくかったり読み間違えたりするのを防ぐために使用します。

<例>「必要部数購入する。」→「必要部数、購入する。」
「…を使うときより機能を発揮する。」→「…を使うとき、より機能を発揮する。」
「…を使うときより、機能を発揮する。」

152

6 礼儀正しい表現の使い方

ビジネス会話だけでなく、ビジネス文書においても、相手を敬う気持ちを表現することが大切です。

よく使われる表現には、次のようなものがあります。

■敬称

敬称は、人や会社名の後ろに付けて、相手に敬意を表します。ビジネス文書では、誰に宛てた文書であるかによって、敬称を使い分けます。

敬称	使い方	例
様	個人の名前に付ける	○○様
御中	個人宛てではない場合に、会社名や団体名に付ける	○○株式会社 御中、○○部 御中
各位	複数の人に宛てた文書において、一人ひとりに対する敬意を表す	参加者各位、お客様各位

■敬語

丁寧語、尊敬語、謙譲語を適切に使い分けます。特に社外文書では、相手の立場や地位に合わせて慎重に言葉を選びます。ただし、敬語を多用しすぎると、かえって文章の内容が伝わりにくくなる場合もあるので気を付けましょう。

■人や物を敬う表現

人や物に対しても、敬意を表すための丁寧な表現があります。間違った使い方をすると失礼になるので、基本的な表現はしっかり身に付けておきましょう。

よく使う表現は次のとおりです。

対象	相手の表現	自分の表現
人	○○様、貴殿、各位	私、小職、私ども
会社	貴社、御社	当社、弊社、小社
部署	貴部、貴課	当部、当課
店	貴店	当店
意見	ご意見、ご高案、ご所見、貴案	私見、所感、所見、私案
承諾	ご承諾、ご高承	承諾、承る
努力	ご尽力	微力
手紙	ご書面、貴信、貴書、お手紙	書簡、書面、書中、手紙
物品	結構なお品、ご佳品、お品物	粗品、心ばかりの品

■慣用語

慣用語とは、特定の場面でよく使う決まり文句のようなもので、社外文書ではよく使われます。常にこのとおりに表現しなければならない、というものではありません。あくまでも基本形として覚えておくとよいでしょう。

よく使う慣用語は次のとおりです。

目的	慣用語の例
お礼	格別のご厚情をいただき、感謝申し上げます。 数々のご高配に預かり、心より御礼申し上げます。
お詫び	ご迷惑を心よりお詫び申し上げます。 何卒ご容赦くださいますよう、お願い申し上げます。
断り	誠に残念ながら、貴意に添いかねるとの判断になりました。 あしからずご了承くださいますよう、お願い申し上げます。
依頼	ご回答をお待ち申し上げております。 ご無理を承知で、何卒ご了承賜りたく存じます。
報告	まずは書面にてご報告申し上げます。 取り急ぎご一報申し上げます。
案内	とりあえずご案内まで。 是非ご高覧いただきたく、ご案内申し上げます。
回答	取り急ぎご回答申し上げます。 下記のとおりご回答申し上げます。
挨拶	略儀ながら書中にて失礼いたします。 今後ともご指導の程、よろしくお願い申し上げます。

誤解されやすい表現

誤解されやすい表現やあいまいな表現は、読み手を混乱させます。次のような表現を避け、読み手の理解を促す簡潔な文章を作成しましょう。

●重複表現を使わない

悪い例	良い例
パスワードが必ず必要である	パスワードが必要である
各マシンごとに設定する	各マシンに設定する／マシンごとに設定する

●まわりくどい表現を使わない

悪い例	良い例
日時の設定の変更を行う	日時の設定を変更する
管理をするということが重要である	管理することが重要である

●あいまいな表現を使わない

悪い例	良い例
このセキュリティ対策は効果的だと思う	このセキュリティ対策は効果的である
携帯電話が壊れるかもしれない	携帯電話が壊れる可能性がある

●「比喩」+「否定」表現を使わない

悪い例	良い例
YはZのように売れない	Zは売れるが、Yは売れない／両方とも売れるが、YはZにはおよばない／ZもYも売れない

●不要な語句を削除する

悪い例	良い例
もし、同じ現象が発生した場合は、・・・	同じ現象が発生した場合は、・・・
○○には、2種類の異なった使い方がある	○○には、2種類の使い方がある

●二重否定を使わない

悪い例	良い例
正しく操作しないと、正常に動作しない	正しく操作しないと、誤動作する／間違った操作をすると、正常に動作しない

●複数の解釈ができる文章を書かない

悪い例	良い例
AまたはBとCを購入する	Aを購入する。またはBとCを購入する／AまたはBを購入する。Cを購入する

実践問題 次の文章を作成してみましょう。　　　　　　　　　解答 ▶ P.185

●（　）の中に助詞を入れてみましょう。

部長は会議（①　　　　　）出席した。
アンケートを担当者（②　　　　　）集計した。
インターネット（③　　　　）空席状況を検索する。
今月は先月（④　　　　）売上が上がった。

●適切な場所に読点を入れてみましょう。

⑤赤いランプが点滅したらこのボタンを押す。
⑥そのため今期は150％の増益だった。
⑦定休日は土曜日曜祝日である。
⑧部長は営業会議中で課長は外出している。

●簡潔な文章を作成してみましょう。

悪い例	良い例
売れないかもしれない	⑨
各テーマごとに作成する	⑩
ホームページの更新を行う	⑪
見積書の保管場所は、この棚に保管する	⑫
出だし好調だと思う	⑬
経費を削減するということが課題である	⑭
シンガポール支社の営業が日本に来日した	⑮

STEP 4 文書の提出と保管

1 文書の提出方法

社内文書および社外文書の作成後は、上司に承認してもらいます。
上司に文書を提出し、保管するまでの一般的な流れは、次のとおりです。

1 最終チェックを行う
- 読み返して記載内容に間違いがないか確認する
- 言葉づかいや表現が適切かどうか見直す

2 控えを作成する
- 原紙をコピーする（原則として発信元がその控えを保管する）

3 承認印をもらう
- 部長と課長に承認印をもらう場合は、課長から先に印をもらう
- 控え用を提出用の上に置き、控え用に印をもらう（試し印の役割を果たす）
- 提出用に印をもらう

4 提出・保管する
- 提出用をお客様または該当部署に提出する
- 控え用を指定のファイルに綴じる

2 文書の管理方法

作成した文書は、いつでも必要なときにすぐに探し出せるように、適切に管理します。紙の文書とデータ化された文書とでは、管理方法が異なります。
それぞれの管理方法のポイントは、次のとおりです。

■紙の文書の管理

紙の文書は、文書の種類や利用頻度、保管の目的などを考慮して保管場所を決め、利用頻度の高いものは、なるべく近いところに保管します。ただし、機密情報や個人情報が記載された文書は、勝手に持ち出されたり利用されたりすることのないよう、鍵のかかる場所に保管し、管理責任者を置いて管理します。
保管場所がわかっていても、同じ場所に大量の文書が保管されている場合は、探し出すのに時間がかかってしまいます。文書のタイトルなどで分類し、一覧表を作成しておくのもよいでしょう。

■文書データの管理

積極的に社内のペーパーレス化を推進する会社も多いため、パソコンで作成した文書を、そのまま文書データとして保管するケースも増えています。
文書データを効率よく安全に管理するポイントは、次のとおりです。

◆フォルダーの分類

「フォルダー」とは、「ファイル」と呼ばれるひとつひとつの文書データを整理するのに便利なパソコン上の保管場所です。フォルダーを作成するときは、複数の文書の共通点を探し、わかりやすいように分類します。
分類の仕方には、次のようなものがあります。

分類	目的
テーマによる分類	文書のテーマ別に分類する 例)「教育研修」「中途採用」など
固有名詞による分類	顧客や取引先、地域など、特定の固有名詞で分類する 例)「○○会社」「○○地区」など
時系列による分類	定期的に発行される文書などを、時系列で分類する 例)「○○年度」「○○年○○月」など
文書の種類による分類	文書の種類で分類する 例)「報告書」「企画書」など

158

◆フォルダー名、ファイル名のルール設定

必要な文書を探したいとき、頼りになるのはフォルダー名やファイル名です。どのような文書が格納されているフォルダーなのか、どのような内容の文書なのかが名称からすぐに判断できれば、検索だけでなく管理もしやすくなります。
複数の人が1つのフォルダーを共有する場合には、フォルダー名やファイル名の付け方について、一定のルールを決めておくとよいでしょう。

> <例>
> ルール:「文書の種類_月日」
> 10月8日に作成した報告書→「報告書_1008.docx」

◆セキュリティの確保

共有サーバなど、複数の人がアクセスする環境に文書データを保管する場合には、セキュリティに配慮します。フォルダーにアクセス権を設定したり、重要な文書データを暗号化してパスワードをかけたりします。

◆定期的なバックアップ

パソコン上のトラブルやウイルス感染など、なんらかの原因によって文書データが消失してしまう可能性もあります。紙の文書でも必ず控えを保管しておくように、文書データの場合もバックアップが必要です。
「いつ、どの範囲を対象に実施し、どこに保存するか」のルールを決めて、定期的に行うようにしましょう。

POINT ▶▶▶
保管と保存の違い

文書の「保管」と「保存」には、次のような違いがあります。文書の保管期間および保存期間も、文書の種類や会社ごとに異なります。法定保存期間または会社の文書管理規程に従いましょう。

● 文書の保管
作成した文書を個人や部署、会社ごとに管理することです。保管されている文書は、必要に応じて閲覧したり再利用されたりします。

● 文書の保存
保管している文書の中には、閲覧したり、再利用したりする機会がほとんどないものも含まれます。それでも、まだ廃棄してはならない文書を管理することを、文書の保存といいます。

POINT ▶▶▶
適切な廃棄

文書には、法律や会社の文書管理規定によって、保管する期間が決められています。保管期間や保存期間の過ぎた文書は、定期的に廃棄します。文書の廃棄は、証拠隠滅や情報漏えいにもつながるため、慎重に行う必要があります。

参考学習 情報資産と知的財産権

1 情報資産

顧客情報や売上情報など、社内で取り扱うあらゆる情報は、会社の重要な資産です。これらを**「情報資産」**といいます。情報には様々なヒントがあり、情報を活用することで新しいアイデアが生まれたり、問題点を解決したりすることができます。

情報は、どの範囲の人が利用するのかを考慮して、重要度のランクを付けることが望まれています。同時に、その情報の管理者や管理形態を決めることも必要です。

情報を取り扱う場合は、**「公開情報」**なのか、**「非公開情報」**なのかを認識し、特に非公開情報の取り扱いには十分に注意しましょう。

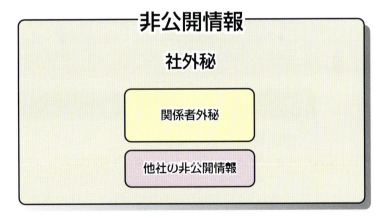

■公開情報

「公開情報」とは、一般に公開されている情報(製品カタログやホームページに掲載されている情報など)や、公開しても問題のない情報のことです。

■非公開情報

「非公開情報」とは、公開することで不利益が発生する機密情報(発表前の情報や原価など)や、個人情報、顧客情報のことです。公開情報以外の情報は、非公開情報として取り扱います。

非公開情報の分類は次のとおりです。

※企業の実情によって、分類は異なります。

分類	説明
関係者外秘	人事情報や顧客情報など、関係者だけが知っている情報
他社の非公開情報	業務請負などの契約によって受け取った他社の非公開情報 他社の非公開情報が漏えいすると契約違反となり、損害賠償責任が生じるだけでなく、企業に対する信用を失ってしまう
社外秘	「関係者外秘」や「他社の非公開情報」以外の非公開情報

POINT ▶▶▶
非公開情報の開示

業務委託などの契約によって、非公開情報を他社に開示することがあります。その際、非公開情報であることを必ず明示します。非公開情報であることを明示していないと、情報が漏えいした場合に損害賠償請求などの法律上の救済を受けられなくなります。

事例で考えるビジネスマナー

情報資産の取り扱い

営業部のOさんは、やり残した仕事を自宅でしようと、ノートパソコンにデータをコピーして持ち帰ることにしました。情報が漏えいする危険性はないと思ったのですが、重要なデータだったので念のため暗号化しました。しかし、電車の網棚にノートパソコンを置き忘れてしまいました。

数日後、ノートパソコンは戻ってきました。データは暗号化されたままでしたが、アクセスした形跡がありました。

■この事例について、次の項目を考えてみましょう。　　解説 ▶ P.192

	チェック項目	YES	NO
❶	データを暗号化したことは正しかったですか	☑	☑
❷	データへの不正アクセスを防ぐ対策は万全でしたか	☑	☑

2 知的財産権

土地や建物、車、貴金属などが価値のある**「財産」**として**「所有権(財産権)」**が認められているように、技術やアイデアも価値のある**「知的財産」**として**「所有権(財産権)」**が認められています。**「知的財産権」**とは、人の知的な創作活動によって生み出されたものを保護するために与えられた権利のことです。

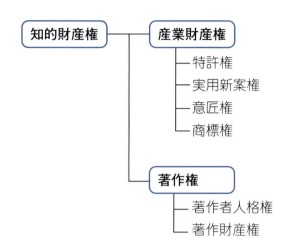

■産業財産権

「産業財産権」とは、工業製品のアイデアや発見、デザイン、ロゴマークなどを独占的に使用する権利を与え、模造防止のために保護する権利のことです。
産業財産権には、次のようなものがあります。

産業財産権	保護の対象	保護期間
特許権	アイデアや発明	出願から20年
実用新案権	物品の形状や構造に関するアイデアや工夫	出願から10年
意匠権	意匠(物品のデザインや装飾)	登録から20年
商標権	商標(商品の目印になるマークや商品名など)	登録から10年(延長が可能)

162

■著作権

「**著作権**」とは、創作者により創作的に表現されたものを保護する権利のことで、「**著作権法**」という法律によって保護されています。もともとは絵画、小説などの創作者の権利を保護する目的で作られ、コンピュータの普及に伴い、プログラムやデータも保護の対象になっています。

著作権には、大きく分けて「**著作財産権**」と「**著作者人格権**」があります。

著作権	保護の対象
著作者人格権	著作物に関する人格的な利益（著作者だけが持つ権利）
著作財産権	著作物に関する財産的な利益 （著作財産権は、一般的に「著作権」と表現される）

■ソフトウェアやインターネット上の著作権

プログラムやデータなどは簡単に複製できるため、著作権法に違反する行為が行われやすく、本人も気づかないうちに他人の著作物を違法に使用している場合があります。ソフトウェアやインターネット上の著作権について、正しい知識を身に付けましょう。

◆ソフトウェアの違法コピー

著作権法に基づいて市販されているソフトウェアには「**使用許諾契約書（使用許諾条件）**」が同梱されています。使用許諾契約書には、ソフトウェアメーカーが著作者の利益を保護するために、使用者に守って欲しい内容が書かれています。ソフトウェアを利用する際には、必ず目を通すようにしましょう。

また、ソフトウェアの種類にもよりますが、使用するパソコンの台数分のソフトウェアを購入するのが原則です。

◆インターネット上の著作権

インターネットの世界でも他人の著作物を無断で利用すると、著作権の侵害になる場合があります。ホームページやSNSに掲載されている文章、写真、動画などを無断で利用してはいけません。また、著作物を無断でホームページやSNSに掲載してはいけません。

無償でダウンロードできるフリーソフトにも著作権はあります。使用許諾条件の範囲内で利用します。

事例で考えるビジネスマナー

著作物の利用

社内の教育担当のPさんは、先日行われた資格試験の合格率が悪かったため、問題集を作成することになりました。一から作成すると、時間がかかり効率が悪いので、T社から出版している問題集を利用することにしました。著作物をそのままコピー機でコピーすると、著作権の侵害となると思い、ワープロソフトで打ち直して配布しました。

せっかく作成したデータを生かしたいと考えたPさんは、個人のホームページなら問題ないだろうと思い、自分のホームページに打ち直した問題集を掲載しました。

■この事例について、次の項目を考えてみましょう。 　解説 ▶ P.193

	チェック項目	YES	NO
❶	著作物をワープロソフトで打ち直して配布したのは、正しかったですか	☑	☑
❷	著作物を個人のホームページに掲載したのは、正しかったですか	☑	☑

事例で考えるビジネスマナー

ソフトウェアの違法コピー

営業部の全パソコンに対して、最新ソフトウェアの購入を検討することになりました。しかし、予算が足りず台数分購入できそうにありません。となりの企画部に相談したところ、企画部では、すでにすべてのパソコン台数分、その最新ソフトウェアのライセンスを購入して使っていました。

そこで、営業部のQさんは、企画部のソフトウェアを借りて、営業部の全パソコンにインストールしました。また、自宅のパソコンでも仕事をすることがあるため、企画部から借りたソフトウェアを持ち帰り、自宅のパソコンにもインストールしました。

■この事例について、次の項目を考えてみましょう。 　解説 ▶ P.193

	チェック項目	YES	NO
❶	企画部のソフトウェアを借りたのは、正しかったですか	☑	☑
❷	会社のソフトウェアを自宅のパソコンにインストールしたのは、正しかったですか	☑	☑

Exercise 確認問題

解答 ▶ P.185

第6章 ビジネス文書の基礎知識

次の文章を読んで、正しいものには○、正しくないものには✕を付けましょう。

1. 議事録は、関係者に案を回して承認を求めるときに作成する社内文書である。

2. 照会状は、不明な点を問い合わせて、的確な回答を得ることが目的である。

3. 1つの文書に複数の用件を書くと、書類が増えず整理しやすい。

4. 社内文書には、前文、末文は書かなくてよい。

5. 社外文書は、その会社の正式な発言とみなされるので、会社の代表という意識を持って作成する。

6. 部長と課長に承認印をもらうときは、部長から先に印をもらう。

7. 文書の保存とは、保管期間を超えて保存することである。

8. 公開情報は、人事情報や顧客情報などの関係者だけが知っている情報である。

9. 知的財産権は、産業財産権と著作権に分けられる。

10. プログラムやデータは、著作権によって保護されている。

165

Appendix

■ 付録 ■
知っておきたいマナー

社会人としての常識や知っておくとよいマナーについて説明します。

1 郵便物や荷物の発送 ………………………………… 167
2 契約書の取り扱い …………………………………… 169
3 慶事・弔事のマナー ………………………………… 170
4 お中元とお歳暮のマナー …………………………… 174
5 テーブルマナー ……………………………………… 175
6 お酒の席でのマナー ………………………………… 178

1 郵便物や荷物の発送

■ 主な配送サービス

ビジネスでは、挨拶状や案内状、契約書、参考資料、納品物など、大きさや形、重さの異なる様々な郵便物や荷物を発送する機会があります。発送の目的や内容物の種類、配送にかかる時間、受取人の不在の可能性などを考慮して、適切な配送サービスや配送方法を選択するようにします。
主な配送サービスは、次のとおりです。

種類	特徴
郵便	日本郵政グループが展開する郵便サービス 目的に応じた多様な配送方法がある
宅配便	配送日や配送時間帯などを指定でき、国内であれば、一部地域を除いて翌日までには配送してもらえる
バイク便	近距離への配送を短時間で完了させることができる 宅配便に比べて料金が高いが、急ぎの場合には便利である
航空便	国内外の主要都市へ航空機を使って配送する

■ 主な配送方法

特に利用する機会が多いのは、郵便や宅配便です。主なサービス内容を理解しておくと、目的に合わせて適切に使い分けることができます。
郵便には、次のような配送方法があります。

種類	目的
速達	郵便物を急ぎで送付する
書留	破損したり消失したりしては困るような貴重品、重要な荷物、現金などを送付する（損害賠償制度が適用される） 一般書留、簡易書留、現金書留の3種類がある
料金別納	同じ郵便物を大量に送付する（切手を貼る手間が省ける）
代金引換	郵便物の受け渡しと引き換えに、指定した料金を受取人に支払ってもらう
各種証明制度	配達状況の記録や、誰から誰に、いつどのような文書が差し出されたかといった配達物の内容を証明する

■宛名の書き方

ビジネス文書は封書で送付するのが基本です。作成した文書を郵送する際には、一般的に、会社名や会社のロゴ、住所などが印刷された社用封筒を使用します。社用封筒を使う場合は、印刷された住所や会社名の脇に、差出人の部署名と名前を書き添えます。社用封筒がない場合は、市販の封筒を使用します。また、郵便物の内容や重要度を知らせるために、**「納品書在中」「請求書在中」「至急」「親展」**といった**「外脇付け」**を書きます。

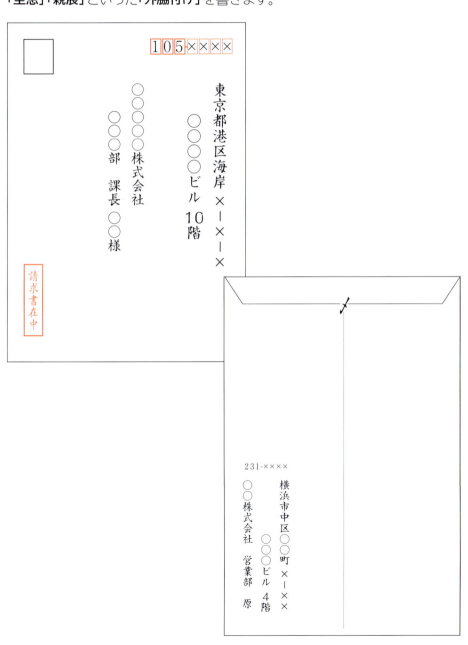

2 契約書の取り扱い

■契約書の意義

契約は、契約書なしでも成立します。契約を申し込む側と承諾する側の合意さえ得られれば、口約束であっても契約が成立したことになります。ただし、「言った」「言わない」といったあいまいな事態を招かないためにも、契約内容を文書化しておくことが大切です。

文書化することで、契約内容を明らかにするとともに契約の成立を証明し、トラブルが発生した場合の証拠資料とすることができます。申込書や注文書、依頼書などでも、文書によって実質的に契約の成立が証明される場合は、契約書と同等に扱われます。

■押印の種類

契約の成立を書面上で証明するためには、双方の署名や押印が必要となります。あとになって自分や自分の会社が不利にならないように、文書に署名したり押印したりするときは、必ず内容を熟読し、慎重に検討することが重要です。

契約書では、署名欄への押印以外にも、次のような押印の種類があります。

種類	押し方	役割
契印	契約書のすべてのページとページの間に押印する	契約書が複数ページにわたる場合に、あとから契約書の一部が差し替えられることを防ぐ
割印	正本と副本、原本と写しなどにまたがって押印する	同じ文書を2つ以上作成したときに、同一性や関連性を証明する
消印	印紙と本紙にまたがって押印する	印紙の再利用を防ぐ
訂正印	訂正箇所に二重線を引いて正しい文字を記入し、押印する	文書の作成者が字句を訂正したことを証明する
捨印	欄外に押印しておく	契約書の提出後に字句などの小さな訂正があった場合に、その訂正をすべて了承することを示す

■印紙の必要な契約書

領収書や契約書は、金額や内容によって定められた「印紙」を貼って印紙税を納める必要があります。売買契約書、請負契約書、売上代金の領収書などは、その契約書に記載されている金額に応じた印紙を貼ります。貼り付けた印紙には消印が必要です。印紙代が高いからといって印紙を貼らないのは印紙税法に反する脱税行為です。

3 慶事・弔事のマナー

■慶事・弔事への出席

結婚や出産などの慶事や、通夜や葬儀などの弔事は、誰もが経験するものです。職場の同僚や会社関係者の結婚披露宴に招かれたり、誰かが亡くなったりした場合に慌てることのないよう、基本マナーを覚えておきましょう。

◆結婚披露宴への出席

結婚披露宴の招待状を受け取ったら、速やかに出欠の返事を出します。1週間以内を目安にするとよいでしょう。やむを得ず欠席する場合は、欠席の理由を書き、招待してもらったことへのお礼、出席できないことへのお詫び、さらにお祝いの言葉を添えて返信します。

結婚披露宴の当日には、一般的に、男性はブラックスーツ、女性はカクテルドレスや訪問着などの準礼服で出席します。

出席者は次のような点に注意します。

> ● 30分前には会場に到着して待つ
> ● 身だしなみを整えておく
> ● 受付で一言お祝いの言葉を添えて祝儀袋を渡し、芳名帳に自分の名前を書く
>
> > <例>「本日はおめでとうございます。」
>
> ● 会場に入るときには、新郎新婦と両親にお祝いの言葉を述べる（長いあいさつは避ける）
> ● 荷物は椅子の背もたれと背中の間にはさむか、大きめの荷物なら椅子の右下に置く
> ● スピーチは心に残る内容で簡潔にまとめる（失敗談や暴露話はしない）
> ● スピーチや余興の最中は、会話に夢中になったり会場を動き回ったりしない

170

◆**通夜・葬儀・告別式への出席**

訃報の知らせを受け取ったら、速やかに上司に報告をします。個人の勝手な判断で電報を送ったり、遺族に電話をかけたりしてはいけません。また、通夜・葬儀・告別式の日時や場所、宗教や宗派などを確認します。故人と親しい間柄であるかないかによって、必要な対応も変わってきます。

通夜には、喪服の用意が間に合わなければ、地味な色合いの平服で参列してもかまいません。葬式や告別式には、一般的に、男性はブラックスーツ、女性は黒のツーピースなどの準礼服で出席します。ネクタイや靴、靴下、ストッキングも黒で揃えます。靴やバッグは光沢のないものを選びましょう。

参列者は次のような点に注意します。

- ●早めに会場に到着する
- ●受付で一言お悔やみの言葉を添えて香典を渡し、芳名帳に自分の名前を書く

> <例>「このたびはご愁傷様でございます。」
> 「このたびは突然のことで、心からお悔やみ申し上げます。」

- ●通夜は長居をせずに早めに引き上げる
- ●遺族と話をするときは長くならないようにする
- ●弔辞を依頼されたら快く引き受ける
- ●弔辞は心に残る内容で簡潔にまとめる
- ●献花や焼香などは故人の宗教や宗派に従う
- ●葬儀や告別式の参列者は出棺まで見送る

■電報の送り方

慶事に送る電報は「**祝電**」、弔事に送る電報は「**弔電**」といいます。結婚披露宴や通夜・葬儀・告別式に出席できない場合に送ります。ただし、会社で送るときは必ず上司に相談します。祝電は忘れないうちに早めに手配し、弔電は通夜あるいは葬儀・告別式の前日までに会場に届くように手配しておきましょう。

また、「**忌み言葉**」といって、慶事や弔事にふさわしくない表現があります。電報サービスを利用すると、定型文などが用意されていて便利です。

次のような忌み言葉は使わないようにしましょう。

慶事	弔事
壊れる、薄い、あせる、閉める、出る、離れる、戻る、破れる、割れる、切れる、再び、たびたび、繰り返し、ではまた	散る、切る、苦しむ、迷う、再三、また、かさねがさね、かえすがえす、たびたび、しばしば、くれぐれも

■祝儀袋・不祝儀袋の包み方

祝儀袋と不祝儀袋を間違えることはありませんが、どちらも包み方に注意が必要です。また、そのままポケットやカバンの中に入れるのではなく、「ふくさ」に包んで持参するのが礼儀です。

◆祝儀袋

祝儀袋によって、水引のデザインが異なります。一見豪華なほうがよさそうに見えますが、金額にふさわしいものを選びます。通常、目安となる金額については、説明が付いているので、参考にするとよいでしょう。お札は新札を準備して中包みに入れます。中包みの表の中央に金額を書き、裏の左下に住所と名前を書き入れます。

祝儀袋の表書きには「寿」または「御祝」と書き、差出人の名前を書きます。差出人が複数名いる場合は、3名までなら連名で（一番右側に最も目上の人の名前を書く）、4名以上なら代表者の名前を書いて「外一同」とし、全員の名前を書いた紙を同封します。祝儀袋の裏は、上半分を先に折り、下半分をその上に重ねるようにして折ります。逆にすると、不祝儀用の折り方になってしまうので注意しましょう。

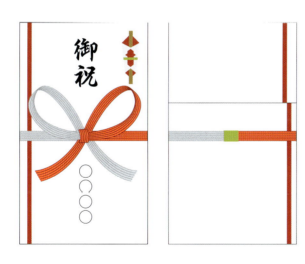

◆ **不祝儀袋**

不祝儀袋に入れるお札は、前もって準備していたと受け取られないように新札は使いません。中包みにお札を入れたら、表には何も書かず、裏に金額と住所、名前を書き入れます。

不祝儀袋の表書きには薄墨を使って**「御霊前」「御香典」**などと書き、差出人の名前を書きます。宗教や宗派を選ばないのは**「御霊前」**で、神式やキリスト教式でも使えます。宗教や宗派が事前にはっきりしていない場合には**「御霊前」**を使いましょう。不祝儀袋の裏は、下半分を先に折り、上半分をその上に重ねるようにして折ります。逆にすると、祝儀用の折り方になってしまうので注意しましょう。

宗教による表書きの違いは、次のとおりです。

宗教	表書き
仏式	御霊前、御香典、御香料
神式	御霊前、御玉串料、御榊料
キリスト教式	御霊前、御花料

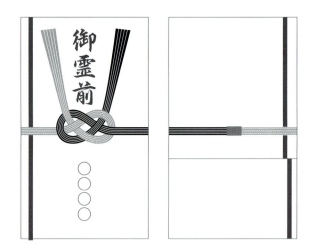

4 お中元とお歳暮のマナー

■贈る相手と時期

お中元とお歳暮は、半年に1回、日ごろお世話になっている人に感謝の気持ちを示すために贈り物をする習慣です。ビジネスでは、大事なお客様や取引先などに贈ります。どこの誰に贈るべきか、会社名義で送るか個人名義で送るかなどは、上司と相談して決めましょう。

お中元は7月初旬から7月15日頃まで（旧盆の習慣がある地域では8月15日）、お歳暮は12月初旬から12月20日頃までと、それぞれ贈る時期が決まっています。時期を逃してしまったら、表書きは**「お中元」**ではなく**「暑中御見舞」**や**「残暑御見舞」**に、**「お歳暮」**ではなく**「お年賀」**や**「寒中御見舞」**などに変わります。

■贈り方

お中元とお歳暮はセットで考えておきましょう。特に、お中元だけ贈ってお歳暮を贈らないのは失礼になります。忘れたと受け取られかねません。年に1回にするのであれば、お歳暮だけにしておきます。いつも贈っている相手にうっかり贈り忘れたり、贈る時期を逃してしまったりした場合は、そのままにするのではなく、表書きを変えて贈るようにします。

また、政治家、学校の先生、警察官、役所の職員など、公務員に贈り物をすることは法律で禁じられており、注意が必要です。

■品物選びのポイント

極端に高価な物を贈る必要はありません。贈る相手の立場や環境、好みなどを考慮して、喜んでもらえそうな品物を選びます。お中元とお歳暮の金額が大きく異なったり、年ごとにばらつきが出たりしないように、一定の水準を維持します。

個人宛に送る場合は、同時期にほかの人からの贈り物も集中することを予測し、日持ちのしない品物を贈るのは控えます。会社宛に送る場合は、社内で分けるときに手間がかからないものや、数が揃っている物を選ぶとよいでしょう。

5 テーブルマナー

■食事の席の基本マナー

同僚との昼食、出張先での上司との食事、お客様や取引先との会食、イベント後の関係者を集めての立食パーティーなど、ビジネスでは様々な立場や地位、年齢の人たちと食事をする機会があります。

自分が招待する側か招待される側かに関係なく、次のようなことに注意しましょう。

●予約がある場合は食事の席に遅れない
●清潔感のある化粧や服装を心掛ける
●香りのきつい香水や整髪料などの使用は控える
●食べるときに食器の音を立てない
●食べるときにくちゃくちゃと音を立てない
●食べながら話さない
●肘をついたり足を組んだりせず、正しい姿勢を心掛ける
●げっぷをしたり鼻をかんだりしない
●周囲の人と食べるスピードを合わせる
●できるだけ食事中に席を立たない
●携帯電話はマナーモードにするか電源を切り、音が鳴らないようにしておく

■料理別のマナー

料理のスタイルごとに、守るべきマナーがあります。料理を楽しむためにも、しっかり覚えておきましょう。

◆日本料理

会食などでは、テーブル席ではなく、お座敷が会場となる場合があります。正座になったときに恥ずかしい思いをしないよう、いつも以上に靴下やストッキングの破れや汚れ、座りやすい服装などに注意を払いましょう。

食事中はお茶碗と汁椀以外は器を手に持たず、箸を使って食べ物を口に運びます。箸の使い方も大事なマナーのひとつです。日本人として、正しい箸の持ち方、使い方ができるようにしておきましょう。

次のような箸の使い方はマナー違反です。普段の食事でも同じことです。

不作法	説明
迷い箸	複数の皿の上を迷うようにして箸を移動させる
渡し箸	器の上に箸を渡して箸置きがわりにする
突き立て箸	ご飯の上に箸を突き立てる
刺し箸	食べ物を箸で突き刺して食べる
ねぶり箸	箸の先をなめる
寄せ箸	お皿や器を箸で引き寄せる

◆西洋料理

西洋料理では、ナイフとフォーク、スプーンを使います。ナプキンは乾杯が終わってから広げ、中座するときには椅子の上に軽くたたんで置き、食後はテーブルの上に置きます。

コース料理などの場合には、一品一品をできるだけ残さないようにします。また、全員に次の料理が行きわたったことを確認してから、料理に手を付けるようにしましょう。

主な料理の食べ方は、次のとおりです。

料理	食べ方
スープ	スプーンで手前からすくって音を立てないようにして飲む（量が少なくなったらお皿の手前を少し持ち上げてすくう）
パン	お皿の上で一口大にちぎってから口に運ぶ（かぶりつかない）
魚料理	表側の身をはずして一口大に切り分けながら食べ、骨をはずして残りの身を食べる（裏返しにしない）
肉料理	一口大に切り分けながら食べる
デザート	切ると崩れてしまいそうな高さのあるデザートは、横にして、少しずつ切り分けながら食べる

176

◆中華料理

中華料理では、ターンテーブルの上に並べられた大皿料理を取り分けて食べるスタイルが中心です。日本料理や西洋料理以上に難しく考えられがちですが、実はそれほど細かいマナーはありません。全員の分を取り分けてあげる必要もありません。

次のような点に注意して、円卓を囲んでにぎやかに食事を楽しみましょう。

- ●ターンテーブルは時計回りに回す
- ●ターンテーブルに自分のお皿や箸を置かない
- ●取り皿は持ち上げない
- ●自分の箸でターンテーブル上の食べ物を直接取らない
- ●全体の分量と人数を見ながら自分の分を取り分ける
- ●全員に料理が行きわたるまで箸をつけない
- ●自分のお皿に取り分けた食べ物は残さない

◆立食パーティー

立食パーティーは、食事を楽しむというよりも、参加者とのコミュニケーションを深める目的があります。食べたり飲んだりすることばかりに集中せずに、周囲の人と積極的に会話するように心掛けましょう。

料理はメインテーブルの上に、オードブルからメイン、デザートの順で並んでいます。

次のような点に考慮して、スマートに楽しみましょう。

- ●動きやすい服装を選ぶ（周囲との調和を重視する）
- ●お皿の上に料理を山盛りに乗せない
- ●料理を取ったら速やかにメインテーブルを離れる
- ●取り分けた料理は残さない
- ●食べ終えたお皿や空いたグラスはサイドテーブルに置いておく
- ●人と話すときは、グラスだけ持つようにする
- ●飲みすぎないように注意する

6 お酒の席でのマナー

■飲み方のマナー

社会生活では、歓送迎会、打ち上げ、忘年会、接待など、お酒を飲む機会があります。その場の雰囲気になじみ、楽しく盛り上がることが大切です。お互いに打ち解けることで、仕事をスムーズに進めるきっかけにもなります。また、気の合う仲間とお酒を飲みながら談笑することは、ストレス解消にもつながります。時には別の会社の人と飲んで、交流を深めたり自分の視野を広げたりするのもよいでしょう。

お酒の席での付き合い方によって、自分の印象や評価を下げることのないように、次のような点に注意しましょう。

◆飲みすぎない

飲みすぎたり帰宅が遅くなったりして、翌日の仕事にひびくような飲み方をしてはいけません。お酒に対する適性(強い・弱い)は、人によって違います。お酒に強いからといって自分だけ大量に飲酒し、周囲に迷惑をかけるようなことは慎まなければなりません。逆に弱いからといって、積極的に参加しないのも歓迎されません。周囲がしらけてしまいます。また、弱いのを承知で大量に飲むのも、かえって迷惑になる場合があります。

大切なのは、その場の雰囲気に合わせて、適度にたしなむことです。自分のお酒に対する適性や適量を知り、翌日への活力となるような付き合い方をしましょう。

◆言動に注意する

お酒の席だから何を言っても許されると、勘違いしてはいけません。特に上司やお客様との席上では、親しき仲にも礼儀ありです。自分の言動には十分注意し、責任を持たなければなりません。言ったほうは忘れがちですが、言われたほうは覚えているものです。愚痴などは言わず、楽しく飲むようにしましょう。

◆話しすぎない

場を盛り上げるために自分から率先して話すことも大切ですが、聞き上手になることも忘れないようにしましょう。あらかじめ、誰でも参加できるような話題をいくつか用意しておくと、会話が途切れたときなどに役立ちます。

◆情報を漏らさない

会社の機密情報などは、誰に聞かれているかわからないので話してはいけません。

178

◆気配りをする

飲み物がなくなる前にお酌をするように心掛けます。ただし、お酒は人によって飲むペースが違うため、決して無理にすすめてはいけません。逆に飲み物がすすんでいない人には、別の飲み物にするか、さりげなく聞いてみるとよいでしょう。また、会話になかなか参加できずにいる人がいたら積極的に話しかけ、全員がお酒の席を楽しめるように配慮します。

■接待のマナー

営業の手段のひとつに、お客様や取引先の接待があります。接待は、日ごろお世話になっている人に感謝の気持ちを伝えたり、仕事をスムーズに進めたりする役割を果たします。したがって、接待の席上では、自分が先に酔ってしまうことは許されません。お客様をもてなすことが目的であることを忘れずに、失礼のないよう、節度を持って飲酒することが大切です。
接待の席上では、次のような点に配慮しましょう。

1 事前準備

- お客様の好みにあったお店を予約する（お料理やお酒は、季節に合ったものを選ぶとよい）
- お店の場所は事前に確認しておく

2 当日の準備

- 早めにお店に到着し、店長などにあいさつをする
- 店内の配置（席やお手洗いの場所など）を確認する
- 席順などを確認する

3 接待

- お迎えをする（初めて会う人とは名刺交換をする）
- カラオケに行った場合は、下手でも1曲は歌うようにする
- お客様や上司の持ち歌を歌わない（お客様や上司が知っている歌を歌うようにする）
- 帰る時間が近づいてきたら、必要に応じてタクシーを手配する
- 相手の見えないところで支払いを済ませる
- 忘れ物がないか確認する
- お見送りをする

4 翌日

- お客様にお礼の電話を入れる

Answer

■ 解答 ■
実践問題・確認問題

実践問題と章末の確認問題の解答を記載しています。

Answer 解答

第1章

P.21　実践問題

おはようございます。○○です。
現在、出勤途中ですが、○○線○○駅付近で
起きた停電により全線不通になっております。
申し訳ございませんが、出社が遅れます。
30分後に復旧見込みですので、1時間後に会
社に到着する予定です。
ご迷惑をおかけいたしますが、よろしくお願い
いたします。

P.23　確認問題

1. ×
2. ×
3. ○
4. ○
5. ×
6. ○
7. ○
8. ×
9. ×
10. ×

第2章

P.41　実践問題

⑪ いらっしゃる

⑫ 伺う

⑬ 行きます

⑭ 召し上がる

⑮ いただく

⑯ 食べます

⑰ ご覧になる

⑱ 拝見する

⑲ 見ます

⑳ お思いになる、思われる

㉑ 存ずる

㉒ 思います

㉓ お受けになる、もらわれる

㉔ いただく

㉕ もらいます

㉖ お会いになる

㉗ お会いする、お目にかかる

㉘ 会います

㉙ ご存じ

㉚ 存じ上げる

㉛ 知ります

㉜ お聞きになる

㉝ 伺う、承る、拝聴する

㉞ 聞きます

㉟ いらっしゃる、おいでになる

㊱ おる

㊲ います

㊳ おいでになる、お見えになる、お越しになる

㊴ 参る

㊵ 来ます

㊶ おっしゃる、言われる

㊷ 申す、申し上げる

㊸ 言います

㊹ たまわる、くださる、与えられる

㊺ 差し上げる

㊻ あげます

㊼ なさる、される

㊽ いたす

㊾ します

㊿ 山本様がおいでになりました

(51) お話しになる

(52) パンフレットをご覧になってください

(53) 会社名をおっしゃってください

(54) 受付にお客様がいらっしゃいました

P.45 実践問題

⑦ 申し訳ございませんが／残念ながら

⑧ 恐れ入りますが／恐縮ではございますが

⑨ おさしつかえなければ／もしよろしければ

P.51 実践問題

① 伊藤部長、新パッケージの件でご報告があるのですが、少しお時間よろしいでしょうか？ 本日の制作会議でデザインが決定しました。しかし、デザインの決定に時間がかかり、当初の予定より2日ほどスケジュールが遅れています。今週末、出勤すれば納期は厳守できそうです。

② 伊藤部長、新パッケージの件でご報告があるのですが、少しお時間よろしいでしょうか？ 本日、予定通り完成しました。これから報告書を作成しますので、のちほど提出いたします。

③ 森田課長、商品企画会議の日程の件でご連絡があるのですが、今よろしいでしょうか？ 6月30日月曜日の13時から15時までの予定で行うことになりました。場所は第一会議室です。森田課長のご都合はいかがでしょうか？

④ 渡辺さん、管理データベース構築の件でご相談したいことがあるのですが、ご都合のよいときに少しお時間をいただけないでしょうか？
お客様から納期を当初の予定より5日縮めて欲しいと要望がありました。スケジュールを調整してみたのですが、2日しか縮められそうもありません。要員を補充していただけないでしょうか？

P.59 確認問題

1. ○
2. ×
3. ○
4. ○
5. ×
6. ×
7. ×
8. ○
9. ○
10. ×

第3章

P.74　実践問題

① それでは〇月〇日木曜日はいかがでしょうか?

② それでは午後1時はいかがでしょうか?

③ 〇月〇日木曜日、午後1時にお伺いします。

④ それでは午前10時はいかがでしょうか?

⑤ 〇月〇日木曜日、午前10時にお伺いします。

⑥ 明日の午前10時にお伺いする予定になっておりますが、変更はございませんでしょうか?

⑦ かしこまりました。それではよろしくお願いいたします。

P.83　確認問題

1. ×
2. ×
3. 〇
4. ×
5. ×
6. ×
7. 〇
8. ×
9. ×
10.〇

第4章

P.97　実践問題

① 会議中です

② ほかの電話に出ております

③ 外出しております

④ 席をはずしております

⑤ 戻り次第、折り返しお電話いたしましょうか

⑥ 会議中です

⑦ 戻り次第、折り返しお電話いたしましょうか

⑧ 休暇中です

⑨ 出社次第、折り返しお電話いたしましょうか

P.100　実践問題

① 申し訳ございません。そのような件はお答えいたしかねます。私が代わりにご用件を承ります。

② こちらは商品の企画部門のため、在庫の確認はできかねます。こちらの不手際でご迷惑をおかけして大変申し訳ございません。これから該当窓口へ転送いたしますので、少々お待ちください。

③ 至らない説明で大変申し訳ございませんでした。別の担当者に代わりますので、もう少々お待ちいただけますでしょうか?

P.101　確認問題

1. ○
2. ×
3. ○
4. ○
5. ×
6. ○
7. ×
8. ×
9. ×
10. ×

第5章

P.109　実践問題

① 件名
② 前付け
③ 前文
④ 主文
⑤ 末文
⑥ 署名
⑦ 本文

P.116　実践問題

① ×
　　<改善案>
　　「**DVDプレーヤーの音が出ない件**」など、メールの内容がわかる件名にする
② ×
　　<改善案>
　　ファイルを圧縮するか分割する
③ ×
　　<改善案>
　　「**平素は格別のご愛顧を賜り、厚く御礼申し上げます**」など、あいさつを書く
④ ○
⑤ ×
　　<改善案>
　　「ﾌｧｲﾙｻｲｽﾞ」を全角にする
⑥ ○

P.135　確認問題

1. ×
2. ○
3. ×
4. ○
5. ×
6. ○
7. ○
8. ×
9. ○
10. ×

184

第6章

P.142　実践問題

① 議事録
② 稟議書
③ 報告書
④ 依頼書
⑤ 通知書
⑥ 通知状
⑦ 案内状
⑧ 依頼状
⑨ 挨拶状
⑩ 招待状
⑪ 照会状
⑫ します
⑬ いたします
⑭ あります
⑮ ございます
⑯ 思います
⑰ 存じます
⑱ います
⑲ おります

P.156　実践問題

① に
② が
③ で
④ より
⑤ 赤いランプが点滅したら、このボタンを押す。
⑥ そのため、今期は150％の増益だった。
⑦ 定休日は土曜、日曜、祝日である。
⑧ 部長は営業会議中で、課長は外出している。
⑨ 売れない可能性がある
⑩ 各テーマで作成する／テーマごとに作成する
⑪ ホームページを更新する
⑫ 見積書は、この棚に保管する／見積書の保管場所は、この棚である
⑬ 出だし好調である
⑭ 経費を削減することが課題である
⑮ シンガポール支社の営業が来日した

P.165　確認問題

1. ✕
2. ○
3. ✕
4. ○
5. ○
6. ✕
7. ○
8. ✕
9. ○
10. ○

Advice

■ 解説 ■
事例で考えるビジネスマナー

事例で考えるビジネスマナーの解説を記載しています。

Advice 解説

第2章

P.30 　得意先でのビジネス会話

この事例では、「**相手の状況に配慮した会話の進め方**」がポイントです。

❶必ず相手の都合を確認する

他社を訪問するときは、必ず相手の都合を聞き、用件に合わせて必要な時間を確保してもらうようにします。

❷会話の導入部分は短めに

時間がないのに、無理に世間話を切り出す必要はありません。「**時間がございませんので、早速、本題に・・・**」と言って会話をスタートさせればよいのです。

❸一番伝えたいことを優先する

一番伝えたかったことが伝えられずに終わってしまったら、意味がありません。そのときの状況に応じて、事前に予定していた手順を変える必要もあります。話をするチャンスを与えてもらったのですから、どんなに短時間であっても、相手が自分のために時間を割いてくれていることを忘れてはなりません。

P.40 　お客様の前での話し方

この事例では、「**お客様の前での電話のかけ方と言葉づかい**」がポイントです。

❶お客様の前で電話をしない

お客様との打ち合わせに必要な内容で、その場で電話して確認したり解決したりすることが可能なら、お客様の了解を得たうえで、打ち合わせ中に電話をしてもかまいません。ただし、お客様の目の前で電話をするのではなく、会議室の隅に移動するか、狭いスペースなら会議室の外に出るなどして、打ち合わせの妨げにならないように配慮しましょう。

❷社外では社内の人にも丁寧語を使う

お客様の前では、電話の相手が同僚や後輩であっても丁寧語を使うようにします。電話に限らず、同僚や後輩が打ち合わせに同席している場合も同様です。会議室の外に出たとしても、誰が聞いているかわかりません。社外であることを自覚して、言葉づかいに気を付けます。

P.54　会議中の伝言の伝え方

この事例では、「**会議中の伝言の伝え方**」がポイントです。

❶会議を中断しないよう配慮する

急用であれば、会議中に入室してもかまいません。ただし、会議の妨げにならないように気を付けます。会議中は参加者が何度も席を立つのは好ましくありません。急ぎでない場合は、会議の終了を待ってから伝言します。

❷伝言はメモで渡す

会議中に伝言を伝えるときは、用件を書いたメモを渡します。口頭で伝えることで、会議の妨げになるだけでなく、ほかの人に用件が伝わってしまうのはよくありません。特に社外の人が参加者に含まれているような会議では注意が必要です。また、会議中の人の携帯電話に連絡をするのもよくありません。携帯電話がマナーモードになっていない場合もあるため、ほかの参加者の迷惑になったり、会議に集中できなくなったりします。

第3章

P.63　名刺交換の仕方

この事例では、「**名刺を交換する際に守るべき順番**」がポイントです。

❶名刺交換は立場や地位が上の人から行う

名刺交換は、立場や地位が上の人（年上の人）から行うのが基本です。部長を差し置いて、先にお客様と名刺交換をしてはいけません。

❷名刺を差し出すのは立場や地位が下の人が先

名刺は、立場や地位が下の人（年下の人）から先に差し出すのが基本です。また、お客様の会社を訪問している場合は、立場や年齢に関係なく、訪問した側が先に差し出します。

❸全員のあいさつが終わるまで立って待つ

自分の名刺交換が終わったからといって、着席して待つのは相手に対して失礼です。すべての人のあいさつが完了するまでは、立って待つようにします。

188

P.69　案内の仕方

この事例では、「**お客様の目線に立った応対の仕方**」がポイントです。

❶❷進んでお客様の用件を聞く

社内で社外の人を見かけたら、面識があるかないかに関係なくあいさつをします。専任の受付係を配置していない会社では、来客があれば進んで声をかけましょう。来訪の目的や会社名、訪問先、アポイントメントの有無などを確認して、担当者に連絡します。受付専用の電話が置いてある場合でも、「**ご用件は承っておりますでしょうか**」と一言声をかけると、お客様は親切な会社であるという印象を受けます。

❸案内役を依頼されたら最後まで務める

担当者の代わりに案内を頼まれた場合は、お客様に行き先を正確に伝えるだけでは不親切です。お客様が迷ってしまったり、場所を間違えたりする可能性があります。お客様が入室するまで見届けるのが案内役の務めです。忙しいようなら、ほかの人に案内役を代わってもらうようにします。

P.73　辞去のタイミング

この事例では、「**プレゼンテーションの時間配分と辞去のタイミング**」がポイントです。

❶時間配分を考えながら話を進める

せっかく貴重な時間を確保してもらったのですから、極端に時間があまったり足りなくなったりしないように、有効に使いたいものです。どのような順序や時間配分で話を進めるか、あらかじめ考えておきましょう。

❷自分から話を切り上げて退出する

雑談などで無駄に時間を費やすのはよくありません。予定されていた所要時間を超える場合はもちろん、早めに用件が終了してしまった場合にも、相手への配慮が必要です。やむを得ず時間を超過する場合も、いったん話を止め、「**お時間は大丈夫でしょうか**」と確認してから続けます。会議室などの都合で退室しなければならないようなケースもあるので注意しましょう。

❸状況を判断して見送りを断る

相手が忙しいことがわかっている場合には、自分から見送りを断ります。

P.81　お茶の出し方

この事例では、「**お茶を出す順番と置き方**」がポイントです。

❶必ず上座から出す

お茶は上座に座っているお客様から出すのが基本です。上座は入口から一番遠い席です。立場や地位が上の人（年上の人）がどちらであるかを、見た目で勝手に判断してはいけません。

❷お客様の持ち物には触れない

お茶を置くときは、テーブルの上に置いてある書類や持ち物などに手を触れてはいけません。邪魔にならないような場所に置いておきます。少し離れた場所に置くときは、誰のお茶であるかがわかるように、「**こちらに置いておきます**」と小声で知らせます。

第4章

P.91　電話での謝罪

この事例では、「**電話で済ませるべきではない用件**」がポイントです。

❶どんなに忙しくても重要度の見極めが必要

電話では気持ちが伝わりにくいため、謝罪の言葉は直接本人に会って伝えるべきです。特に、重要なお客様に損害を与えるようなミスをした場合に、電話だけで謝罪を済ませるのはもってのほかです。どんなに忙しくても、すぐにかけつけるぐらいの誠意を見せましょう。

❷お礼や謝罪の気持ちは伝言しない

お礼や謝罪の言葉は、他人を通じて聞いても気持ちが伝わりません。訪問後のお礼の電話や、ちょっとしたお詫びの電話であっても、本人が不在の場合はかけ直すようにします。

P.96　昼休み中の電話応対

この事例では、「**電話の相手への配慮とご家族への言葉づかい**」がポイントです。

❶電話している人の周囲で騒がない

電話の相手にこちらの話し声や笑い声などが聞こえるのはもってのほかです。近くで電話をしている人がいるときは、休憩時間・就業時間にかかわらず、小声で話すなどの配慮が必要です。

❷シーンに応じた適切な言葉を選ぶ

こちらの周囲の声が大きくて聞こえないことを、相手のせいにしてはいけません。「**お電話が少し遠いようです**」という言葉は、電話をかけてきた人の周りがうるさかったり、声が小さくて聞き取りにくかったりする場合に使用します。昼休みでも、電話の声が聞こえない場合は、周りの人に静かにしてもらうようにお願いします。

❸社員の家族に対しては敬語を使う

後輩のご家族だからといって、くだけた言葉を使ってはいけません。ご家族にはあいさつをして敬語で話します。

第5章

解説

P.115 電話とメールの併用

この事例では、「**口頭での情報伝達の注意点**」がポイントです。

❶電話とメールを併用して情報の伝達を徹底する

電話では用件を聞き間違えたり、忘れたりする可能性があります。電話で伝えたことや決めたことなどは、あとからメールで送っておくと、内容を確認することができ、行き違いがあったときには記録をたどることもできます。

❷宛先とCCを適切に使い分ける

宛先には、本文の内容を一番伝えたい相手を指定します。会議に出席しない部長を宛先に指定すると、取引先は部長も出席するものと勘違いする可能性があります。また、メールを読んだ部長は、自分も会議に出席しなければいけないのかと思ってしまいます。情報を共有しておきたい人は、CCに指定します。

P.121 メールの返信

この事例では、「**返信のマナーと情報共有の仕方**」がポイントです。

❶受信したメールの件名を残す

返信メールでは、何に対する返事なのかが件名だけでひと目でわかるようにします。メールソフトの返信機能を使うと、返信メールの件名には、返信を表す「RE:」と、元になるメールの件名がそのまま表示されます。新しい用件を加えていない限り、わざわざ削除して新しい件名に変更する必要はありません。

❷受信者と面識のない人を送信先に加えない

メールアドレスは個人情報です。受信者と面識のない人を送信先に加えるのは好ましくありません。BCCに取引先のMさんを指定したとしても、取引先のMさんに受信者のメールアドレスを教えることになってしまいます。

❸引用記号を活用する

「>」などの引用記号を使用して、返信文を対応させると読みやすくなります。

P.130　ウイルス対策

この事例では、「**ウイルス対策の意識**」がポイントです。

❶一人ひとりが対策を徹底する

各パソコンに、ウイルス対策ソフトをインストールする必要があります。たった一人の不注意が、会社全体に迷惑をかけることにもなりかねません。会社で義務付けられていることであり、ウイルスに感染して業務に支障をきたすことは避けなければなりません。

❷バックアップの重要性を知る

ファイルを作り直したということは、バックアップを取っていなかったと考えられます。ウイルスに感染すると、ファイルが削除されたり書き換えられたりしてしまうことがあります。万一に備えて、定期的にバックアップを取るようにします。

第6章

P.161　情報資産の取り扱い

この事例では、「**情報資産を持ち出す際の対策**」がポイントです。

❶重要な文書データは暗号化する

「**暗号化**」とは、情報が第三者に漏えいしたり改ざんされたりしないように、決まった規則に従ってデータを変換することです。重要な文書データを暗号化しておくことで、ノートパソコンが盗まれても、情報漏えいを防ぐことができます。

❷不正アクセスを入口で防ぐ

不正にアクセスされないように「**ノートパソコンに施錠する**」「**パソコン起動時に必要なBIOS(バイオス)パスワードを設定する**」などの対策をとります。BIOSパスワードを設定すると、パソコンに電源を入れた直後にパスワードの入力を促すことができます。また、ノートパソコンは、電車の網棚に置かずに、体から離さず持ち運ぶようにします。

| P.164 | 著作物の利用 |

この事例では、「**著作物の利用にあたる著作権の保護**」がポイントです。

❶内容をそのまま利用すれば著作権侵害になる

文章などの著作物について、内容をそのまま再利用するという行為は、著作権の侵害にあたります。もちろん、ワープロソフトで打ち直したとしても同じことです。この事例の場合は、T社から出版している問題集を必要部数、購入するか、自分で一から文章を考えて作成する必要がありました。

❷著作物を許可なく掲載すると著作権侵害になる

個人のホームページであっても、著作物を許可なく掲載すると、著作権の侵害になります。ただし、著作物の一部を利用して説明を補足したいときなどには、「**引用**」という形で著作物を使用することができます。引用する場合は、著作者の許可なく使用することができますが、引用の目的が正当であること、その目的を達成するうえで適切な範囲であることが必要です。また、他の著作物からの引用であることがわかるように、括弧でくくったり文字フォントを変えたりして本文と区別し、出典元、タイトル、著作者などを明示します。

| P.164 | ソフトウェアの違法コピー |

この事例では、「**ソフトウェアの購入方法**」がポイントです。

❶ソフトウェアの貸し借りは禁止

市販されているソフトウェアの多くは、1つのソフトウェアを1台のパソコンで使用することしか認めていません。予算がないからといって、購入したソフトウェアを貸し借りすることは許されません。こうしたコピーは違法コピーにあたり、明らかな著作権侵害です。ソフトウェアの違法コピーには、法律上の厳しい罰則が科されます。ただし、ソフトウェアによっては、一定の条件のもとで複数のパソコンにインストールできるものもあります。また、使用許諾契約の範囲内において、ソフトウェアをバックアップ用としてコピーすることができます。詳細はソフトウェアの使用許諾契約書に書かれているので、インストールする前に必ず確認しましょう。

❷会社の資産を勝手に利用しない

会社で購入したものは、会社の資産です。仕事で使用するからといって、会社のソフトウェアを自宅のパソコンに勝手にインストールしてはいけません。

■ 索引 ■

Index 索引

数字

5W2H	49,141
6W2H	49,92

英字

BCC	114
CC	114
Eメール	103
HTML形式	106
IPA	129
SNS投稿時の注意点	132
TO	114
Wi-Fi	134
Wi-Fiアクセスポイント	134
Windows Update	127

あ

あいさつ	16,17
あいづちを打つ	30
相手を見下した言葉	31
あいまいな言葉	32
アクセサリー	8
宛先	114
宛名の書き方	168
アポイントメント	71
アポイントメントの変更	72
歩き方	14
歩くスピード	14
案内の仕方	67,69

い

いじめ	56
印紙	169
インターネット上の著作権	163
引用	118
引用記号	118
引用を想定した書き方	120

う

ウイルス対策	126,130
ウイルスの脅威	128
ウォームビズ	11

美しい歩き方	14
美しいおじぎ	18
美しい座り方	15
美しい立ち方	13
上着	8

え

会釈	18
エレベーターでの案内の仕方	67
エレベーター内での立ち位置	68

お

押印の種類	169
応接室でのマナー	75
応接室の席順	75
お客様が怒り出す背景	58
お客様の前での話し方	40
お酒の席でのマナー	178
おじぎ	18
お歳暮のマナー	174
お茶のいただき方	81
お茶の入れ方	81
お茶の出し方	80,81
お中元のマナー	174
お疲れさま	17
オフィスカジュアル	12
音声表現	87

か

会議	52
会議開催の準備	53
会議室の席順	78
会議中の伝言の入れ方	54
会議中のマナー	54
会議の進め方	52
会議の流れ	53
会議への参加	54
会議への参加準備	54
会話のきっかけづくり	30
会話の進め方	29
会話の途中に出てくる口癖	34
カジュアル	12
カジュアルデー	12

滑舌……………………… 35	声の大きさ………………… 87
カバン …………………… 8	声のトーン ………………28,87
髪………………………… 8	誤解されやすい表現………155
関係者外秘………………161	ご苦労さま………………… 17
感情……………………… 88	個人情報…………………131
慣用語……………………154	個人情報の保護…………131
	言葉づかい………………6,28,31

き

企業が求める人材………… 5	語尾に出てくる口癖 ……… 33
議事録の作成……………… 55	コミュニケーション………… 25
喫煙のマナー……………… 22	コミュニケーション能力…… 5
機密情報…………………132	コミュニケーションの手段… 27
機密情報の保持…………132	コミュニケーションの要素… 26
機密保持契約……………132	

さ

気持ちのよい電話応対…… 86	最敬礼……………………… 18
休暇の取り方……………… 21	産業財産権………………162
共有文書の活用…………141	

し

共用スペースでの注意点 … 68	シーン別・敬語の使い方 …… 39
気を付けたい敬語の使い方 … 38	シーン別・席順 …………… 76

く

	シーン別・電話の受け方 …… 93
クールビズ ………………… 11	シーン別・電話のかけ方 …… 90
口癖………………………… 31	シーン別・報告の仕方 …… 50
口癖が与える印象と改善方法 … 33	辞去のタイミング ………… 73
靴………………………… 8	時候のあいさつ…………147
靴下……………………… 8	仕事上のミス……………… 56
クッション言葉 …………… 44	指示語……………………… 32
クレーム…………………58,95	視線……………………… 28
クロージング……………… 95	叱責……………………… 56
	失礼のない電話応対……… 85

け

	社外でのトラブル ………… 57
敬語………………36,37,153	社外秘……………………161
慶事のマナー………………170	社外文書…………………138
敬称………………………153	社外文書の種類…………139
軽装のポイント …………… 10	社外文書の体裁…………145
携帯電話のマナー………… 86	シャツの選び方 …………… 9
携帯電話への返信…………120	社内でのトラブル ………… 56
契約書……………………169	社内文書…………………138
敬礼……………………… 18	社内文書の種類…………138
化粧……………………… 8	社内文書の体裁…………143
結語………………144,146,153	祝儀袋……………………172
健康管理…………………… 22	就業中のルール …………… 20
謙譲語……………………36,37	終結文……………………108
件名………………107,118,123	修飾語……………………149
	主語………………………148

こ

	受信者名…………………144,146
公開情報…………………160,161	述語………………………148
向上心……………………… 5	出社時間…………………… 20

出張	82
出張後の対応	82
出張時の心構え	82
出張時のマナー	82
主文	108,146
紹介者としての心構え	64
紹介の仕方	64
常識	5
情報資産	160
情報資産の取り扱い	161
情報処理推進機構(IPA)	129
情報漏えいの対策	131
助詞	150
署名	105,108

す

スーツの選び方	9
スカート	8
ストッキング	8
ズボン	8
スマートデバイスのセキュリティ対策	133
座り方	15

せ

生体認証	125
席順	75,78,79
セキュリティ	125
セキュリティ修正プログラムの適用	127
セキュリティ対策	125,133
セキュリティホール	127
セクハラ	57
接客の流れ	66
積極性	5
接遇用語	42
接続詞	151
接待のマナー	179
前文	108,146

そ

送信	113
送信前の確認	113
相談	46
相談の方法	49
ソフトウェアの違法コピー	164
ソフトウェアの著作権	163
尊敬語	36,37
尊敬語と謙譲語の混同	38

た

第一印象	6,85
退社時のマナー	22
他社の非公開情報	161
他社訪問	70
他社訪問の流れ	70
正しい発音	35
正しい発声	34
立ち居振舞い	13
立ち方	13
担当者名	144,146

ち

遅延証明書	20
地球温暖化防止対策	11
遅刻の連絡	20
知的財産権	162
弔辞のマナー	170
著作権	163
著作物の利用	164
直帰	73
直行	73

つ

通路での案内の仕方	67

て

手	8
丁寧語	36,37
丁寧すぎる敬語	32
データのバックアップ	126
テーブルマナー	175
テキスト形式	106
適切な廃棄	159
伝言の伝え方	54
電子メール	103
転送	122
転送するときのマナー	122
転送するメールの件名	123
添付ファイルの形式	106
添付ファイルの容量	106
電報の送り方	171
電話応対	85
電話応対でのトラブル	99
電話応対のポイント	85
電話での謝罪	91
電話とメールの併用	115

電話に向かない内容 …………………… 91
電話の受け方 ……………………………… 92
電話のかけ方 ……………………………… 89
電話の切り方 ……………………………… 90
電話を受けるときの流れ ……………… 92
電話をかけるときの流れ ……………… 89
電話を保留にするとき ………………… 94

と

ドアの開け方 ……………………………… 68
問い合わせ ………………………………… 94
頭語 ……………………………………………146
同時礼 ……………………………………… 19
読点 ……………………………………………152
得意先でのビジネス会話 ……………… 30
トラブル対応 ……………………………… 56
取り次ぎ …………………………………… 93

な

なれなれしい言葉づかい ……………… 31

に

二重敬語 …………………………………… 38

ね

ネクタイ ……………………………………… 8
ネチケット …………………………………106

の

飲み方のマナー ……………………………178
乗り物の席順 ……………………………… 79

は

バイオメトリクス認証 …………………125
配送サービス ………………………………167
配送方法 ……………………………………167
初めて会う人へのマナー ……………… 61
初めて送る人へのマナー ………………115
働き方改革 ………………………………… 10
発音 ………………………………………… 35
バックアップ ……………………… 126,159
発信記号 ……………………………… 144,146
発信者名 ……………………………… 144,146
発信番号 ……………………………… 144,146
発信日付 ……………………………… 144,146
発声 ………………………………………… 34
話すスピード …………………………29,87

話す前に出てくる口癖 ………………… 33
パワートーク ……………………………… 98
パワハラ …………………………………… 57

ひ

美化語……………………………………… 39
ひげ………………………………………… 8
非公開情報……………………………… 160,161
ビジネス会話 …………………………… 28
ビジネス敬語の基本 …………………… 38
ビジネスにふさわしいシャツの選び方………… 9
ビジネスにふさわしいスーツの選び方 ………… 9
ビジネス文書 ……………………………137
ビジネス文書の書き方のポイント……………140
ビジネス文書の基本形 …………………143
ビジネス文書の種類 ……………………138
ビジネスマナー …………………………… 5,6
ビジネスマナーの必要性 ……………… 6
ビジネスメール …………………………103
ビジネスメールの書き方 ………………107
ビジネスメールの書き方のポイント …………110
ビジネスメールの構成要素 ……………107
ビジネスメールの特徴 …………………103
表題………………………………… 144,146
標的型攻撃メール ………………………129
昼休み中の電話応対……………………… 96

ふ

ファイアウォール …………………………127
ファイル名のルール ……………………159
フィードバック …………………………26,95
フォルダー名のルール …………………159
フォルダーの分類 ………………………158
腹式呼吸…………………………………… 34
服装………………………………………… 7
不祝儀袋…………………………………173
不適切な言葉づかい …………………… 31
ブラウス …………………………………… 8
プロミネンス ……………………………… 87
文章の書き方……………………………148
文書化することの意義 …………………137
文書の管理方法…………………………158
文書の提出方法…………………………157
文書の廃棄………………………………159
文書の保管………………………………159
文書の保存………………………………159
分離礼……………………………………… 19

索引

へ

別記 …………………………… 144,146
別記結語 …………………………… 146
返信 …………………………… 117
返信するときのマナー …………… 117
返信するメールの件名 …………… 118

ほ

報告 …………………………… 46
報告の方法 …………………………… 47
訪問後の対応 …………………………… 73
訪問当日の心構え …………………… 72
訪問前の準備 …………………………… 71
報・連・相 …………………………… 46
補足文 …………………………… 108
本文 …………………………… 144,146

ま

間 …………………………… 87
前付け …………………………… 107
末文 …………………………… 108,146

み

見送りの仕方 …………………………… 69
身だしなみ …………………………… 7
身のこなし …………………………… 13
身振り手振り …………………………… 29

め

名刺交換 …………………………… 61
名刺交換の仕方 …………………… 63
名刺交換の順番 …………………… 62
名刺交換の流れ …………………… 61
名刺の管理 …………………………… 63
メーリングリスト …………………… 114
メール …………………………… 103
メールアドレス …………………… 104
メールでの失敗 …………………… 124
メールの宛先 …………………… 114
メールの形式 …………………… 106
メールの送信 …………………… 113
メールの転送 …………………… 122
メールの返信 …………………… 117,121
メールのマナー …………………… 104
メモの残し方 …………………………… 93

も

モバイルWi-Fiアクセスルータ ………… 134

ゆ

ユーザー認証 …………………………… 125

よ

要点の整理 …………………………… 49
抑揚 …………………………… 88

ら

来客後の片付け …………………… 69
来客の応対 …………………………… 66

り

リモートワイプ …………………… 133
流行言葉 …………………………… 31

れ

礼儀正しい表現 …………………… 153
連絡 …………………………… 46
連絡の方法 …………………………… 48

ろ

ローカルワイプ …………………… 133
ログファイル …………………… 127

わ

ワイシャツ …………………………… 8
若者特有の言葉 …………………… 34
話題文 …………………………… 108

よくわかる
<改訂3版>
自信がつくビジネスマナー
（FPT1810）

2019年 2月 7日　初版発行
2025年 3月25日　第2版第8刷発行

著作／制作：富士通エフ・オー・エム株式会社

発行者：山下　秀二

発行所：FOM出版（富士通エフ・オー・エム株式会社）
　　　　〒212-0014　神奈川県川崎市幸区大宮町1番地5　JR川崎タワー
　　　　　　　　　　株式会社富士通ラーニングメディア内
　　　　　　　　https://www.fom.fujitsu.com/goods/

印刷／製本：株式会社広済堂ネクスト

表紙デザインシステム：株式会社アイロン・ママ

● 本書は、構成・文章・プログラム・画像・データなどのすべてにおいて、著作権法上の保護を受けています。
　本書の一部あるいは全部について、いかなる方法においても複写・複製など、著作権法上で規定された権利を侵害
　する行為を行うことは禁じられています。
● 本書に関するご質問は、ホームページまたはメールにてお寄せください。
　＜ホームページ＞
　上記ホームページ内の「FOM出版」から「QAサポート」にアクセスし、「QAフォームのご案内」からQAフォームを
　選択して、必要事項をご記入の上、送信してください。
　＜メール＞
　FOM-shuppan-QA@cs.jp.fujitsu.com
　なお、次の点に関しては、あらかじめご了承ください。
　・ご質問の内容によっては、回答に日数を要する場合があります。
　・本書の範囲を超えるご質問にはお答えできません。　・電話やFAXによるご質問には一切応じておりません。
● 本製品に起因してご使用者に直接または間接的損害が生じても、富士通エフ・オー・エム株式会社はいかなる責任
　も負わないものとし、一切の賠償などは行わないものとします。
● 本書に記載された内容などは、予告なく変更される場合があります。
● 落丁・乱丁はお取り替えいたします。

©2021 Fujitsu Learning Media Limited
Printed in Japan

FOM出版のシリーズラインアップ

定番の よくわかる シリーズ

「よくわかる」シリーズは、長年の研修事業で培ったスキルをベースに、ポイントを押さえたテキスト構成になっています。すぐに役立つ内容を、丁寧に、わかりやすく解説しているシリーズです。

資格試験の よくわかるマスター シリーズ

「よくわかるマスター」シリーズは、IT資格試験の合格を目的とした試験対策用教材です。

■MOS試験対策

■情報処理技術者試験対策

ITパスポート試験　　基本情報技術者試験

FOM出版テキスト 最新情報 のご案内

FOM出版では、お客様の利用シーンに合わせて、最適なテキストをご提供するために、様々なシリーズをご用意しています。

FOM出版　 検索

https://www.fom.fujitsu.com/goods/

FAQのご案内
[テキストに関するよくあるご質問]

FOM出版テキストのお客様Q&A窓口に皆様から多く寄せられたご質問に回答を付けて掲載しています。

FOM出版　FAQ　 検索

https://www.fom.fujitsu.com/goods/faq/